社区绿化数量化评价研究成果

社区绿化的数量化管理

董　丽　皮定均　郝培尧　编著

中国建筑工业出版社

图书在版编目（CIP）数据

社区绿化的数量化管理/董丽，皮定均，郝培尧编著. —北京：中国建筑工业出版社，2016.7
ISBN 978-7-112-19495-7

Ⅰ.①社… Ⅱ.①董…②皮…③郝… Ⅲ.①社区-绿化-量化-管理 Ⅳ.①S731.5

中国版本图书馆 CIP 数据核字（2016）第 129041 号

责任编辑：兰丽婷　田启铭
责任校对：陈晶晶　李欣慰

社区绿化的数量化管理
董　丽　皮定均　郝培尧　编著
*
中国建筑工业出版社出版、发行（北京西郊百万庄）
各地新华书店、建筑书店经销
北京科地亚盟排版公司制版
廊坊市海涛印刷有限公司印刷
*
开本：787×1092 毫米　1/16　印张：7½　字数：200 千字
2016 年 6 月第一版　　2016 年 6 月第一次印刷
定价：**30.00** 元
ISBN 978-7-112-19495-7
（28814）

前　言

城市是人类群居生活的高级形式，是人类走向成熟和文明的标志。然而近一个多世纪以来，城市化的快速发展却带来了越来越严重的生态危机，直接影响到人类的可持续发展。园林是伴随着城市发展出现的产物，城市园林绿化的核心功能正是通过人工栽植绿色植物，一方面给居民提供舒适、美观的生产、生活和休憩环境，同时作为城市绿色基础设施的重要内容，通过植物的各项生命代谢活动在一定程度上改善城市恶化的生态环境。因此园林绿化对提升人居环境质量具有重要意义。

一个城市高质量绿地的建设及维护，需要社会全方位的参与。除了政府相关的法规、政策和专业部门的规划、设计、施工及建成后的管理外，调动全社会各方力量，比如土地权属单位、责任单位及居民个体树立生态环保理念，提升生态文明素养，爱护绿地并自觉地参与到维护城市绿化成果中来，才能从根本上维持好绿化的成果继而提升城市绿化的水平。如何全方位调动社会力量，则需要通过城市管理的路径来实现。

人类伴随着城市的发展，也在不断地探索着高效的城市管理手段。依托计算机、网络技术、3S 技术等应运而生的“数字城市”、“智慧城市”的概念和在世界范围内迅速开展的实践，已经给当代城市的发展带来了巨大的影响。我国在城市的信息化和数字化方面也进行了广泛的实践，取得了显著的成效。北京市朝阳区在这一过程中也不断探索，建立了基于数字化管理的全模式社会服务管理系统——“朝阳模式”，以无缝隙管理、合作治理、智能化管理为原则，以信息驱动管理法、网格化管理法、标准化管理法、精细化管理法、闭环控制管理法等构成的基于信息驱动的监督指挥、绩效管理和行政问责体系的系统管理方法，先后将消防安全、食品安全、社会保障、人口管理、单位管理、房屋管理、地下空间管理等纳入管理系统，并在此基础上向城市管理的纵深层面和精细程度发展，在关乎城市健康与城市风貌的城市绿化管理方面进行了卓有成效的探索。

2006 年，受朝阳区城市管理监督指挥中心委托，北京林业大学开始了朝阳区社区绿化数字化管理的研究。其目的一是数字化城市管理的绿化基础数据库的建设，二是建立社区绿化量化的评价体系，为精细化的绿化管理提供依据，并期望借助于数量化的评价，推进各级政府管理部门、社区绿地的各责任主体及社区居民个体对全区、各社区、门前三包范围等绿化整体情况从不同层级上能进行全面的了解和掌握，并实现以评促建，以评促管。

基于此，研究团队从城市绿地的基本构成特征及其应发挥的复合功能效益出发，首先构建了三个层级的评价体系。在该体系中，绿地基本构成如绿地的面积、绿化覆盖率、物种多样性和绿量的指标等，是一个城市绿化质量的基础，是绿化的各项功能效益发挥的基础，将其作为指标体系中的第一部分；景观效益和生态效益是城市绿化建设的根本目标，因此也被列入到评价体系中；最后，如何让绿地得到可持续的发展并维护其高质量，则需要良好的管理保障，制度和技术是管理的核心。考虑到本项目的特色，管理制度和技术的保障最终应体现在植物生长状态这一客观的形象上，因此将植物生长指标也纳入管理指标中，作为评价体系中的一个重要板块。这一评价体系既全面涵盖了城市绿地的基本构成、功能效益，又将管理的相关要素考虑进来，不仅全面，而且服务于城市管理的要求，具备良好的可操作性。

基于此评价体系，研究团队首先进行了社区绿化评价体系的建构、评价方法的研究和最终设计，并依托评价同步开展了绿化基础数据的收集，完成了数字城市的绿化基础数据库的建设。基础数据的采集和评价工作在北京市朝阳区城市管理监督指挥中心的指导下，在北京林业大学的专业支持下，由北京前程图胜科技有限责任公司完成。评价系统 2007 年开始运行。项目进行过程中，又进行了基础数据实时更新的技术研究，不仅实现了绿化的量化评价，而且可以实时更新基础数据和评价结果。

2013 年，项目组开始进行生态效益评价的研究，按照前期构建的评价体系，进行了降温增湿、滞尘、降噪等 6 项生态效益指标的评价及评价方法的研究。考虑到生态效益评价所需的条件和技术复杂、工作量大及需要专业人员进行等问题，为了使得评价系统能具有更好的可操作性，更能有针对性地服务于城市管理的需求目标，在依据生态效益各指标研究的基础上，进行量化的评价；同时在对大量样点实测研究的基础上，将生态效益和绿化指标之间建立回归方程，使得各项生态效益的指标可以随着绿化指标的更新进行更新，简化了生态效益评价的技术流程，提升其可操作性。

对城市绿化在社区层面上进行量化评价的工作，一方面使得各级管理部门更好地掌握城市园林绿化的基本情况，真正做到精细化的管理并为正确的决策奠定坚实的基础，更为重要的是借助朝阳区数字城市的管理平台，使百姓从真实精准的角度了解自己生活的环境中绿地的基本情况及其各项效益，既是科学普及和生态文明教育的良好的依托，也激发居民重视绿化、爱绿护绿的积极性和热情，真正实现“以评促建、以评促管”，正契合了现代城市管理需要激发社区居民自治的发展方向。

社区绿化数量化评价体系的完成，标志着朝阳区的绿化管理发生了质的飞跃。尤其值得一提的是，朝阳区在新型社会服务管理的实践中，倡导引入市场机制，通过政府与企业、非政府组织合作的途径提供公共服务。具体到本项目，基于政府在城市管理方面对于社区绿化精细化和科学化管理的需求，依托高校的科研力量和专业优势进行相关技术的研发，同时通过市场机制将企业引入项目相关的“生产环节”，例如基础数据的采集和更新、数量化评价软硬件系统的开发等。也正是这样一种合作方式，才保障了项目的高效和顺利实施。基于项目的开发，科研单位不仅将已有知识和成果应用到实践中，而且依托项目的研究实现了人才培养和社会服务的双重效益。更为重要的而是，管理平台向社会开放提供的海量数据也同时为相关领域的科研奠定了良好的基础，具有巨大的潜在社会效益，真正实现了“政用产学研”的创新合作，是践行社会服务管理的“合作治理”又一成功案例。

当然，一个系统的建设也是不断完善的过程。此次我们将绿化评价和生态效益评价的相关成果分别编纂成册，《社区绿化的数量化管理》主要是介绍对朝阳区的社区绿化进行数量化评价的标准设计、基础数据采集方法、评价方法及评价结果示例等内容；《社区绿化的生态效益及其评价》则首先对国内外研究绿化生态效益的成果进行了综述，期望为政府管理者、绿化建设者和普通居民提供有关绿化生态效益的相关知识，在此基础上，将我们对朝阳区社区绿化生态效益评价的方法、结果等进行了总结。这一成果的付梓出版，一方面是对项目阶段性的总结，同时也抛砖引玉，期待同行的批评指正，以便更好地完善系统，也期望借此推动全社会关注城乡绿化，并探索有效的管理途径以促进生态环境的建设。

项目进行过程中，北京市朝阳区城市管理监督指挥中心的各级领导和各部门的同志们不仅进行了全面指导，更是为研究的顺利开展承担了各个层面的协调和保障工作。北京前程图胜科技有限责任公司的总经理王中胜在项目进展和成果的编纂过程中在数据资料的提供等方面给予大力支持。北京林业大学园林学院自2006年始多届研究生参与该项目，包括郝培尧、张凡、马越、胡淼淼、夏冰、乔磊、李冲、廖胜晓、晏海、周丽等，参与生态效益评价的有范舒欣、郭晨晓、张皖清、祝琳、王超琼、李晓鹏、齐石茗月、韩晶、蔡妤等，其中范舒欣、李晓鹏、郭晨晓、张皖清、祝琳、齐石茗月、韩晶、蔡妤等在书稿的写作过程中也做了大量的工作。书稿出版过程中，中国建筑工业出版社的责任编辑兰丽婷、田启铭倾力支持，在此表示衷心感谢。

文中引用前人的相关研究成果，我们都试图一一标注，若有遗漏，敬请赐教并致谢枕。文中错误不当之处，期待读者批评指正。

目　　录

第 1 章　园林绿化与城市的健康发展

城市的出现，是人类走向成熟和文明的标志，也是人类群居生活的高级形式。自公元前 3500 年至前 3000 年在尼罗河流域和两河流域出现人类历史上最早的一批城市至今，城市的发展伴随着人类社会生产力的进步，也产生了无数灿烂的文明。然而，进入 21 世纪，城市的快速化发展却带来了越来越多的生态问题，直接影响到人类的健康发展乃至于生存。空气污染、水体污染、土壤污染、热岛效应、光污染、噪声污染、城市内涝、生境破碎等等，严重影响着城市及周边地区的生态环境，危害着城市居民的身心健康。

园林绿化是伴随着城市发展出现的产物。园林是指在一定的地域运用工程技术和艺术手段，种植树木花草、营造建筑和布置园路等途径创作而成的美的自然环境和游憩境域。在建成环境中的园林绿化，不仅为城市居民提供了休闲游憩的环境，更是为了弥补城市建设对于大自然基底的破坏而带来的负面效应。在生态环境不断恶化的今天，园林绿化的意义尤为重要。

1.1　城市化带来的生态危机

1.1.1　我国的城市化进程

城市化（urbanization）也称为城镇化，是指随着一个国家或地区社会生产力的发展、科学技术的进步以及产业结构的调整，其社会由以农业为主的传统乡村型社会向以工业（第二产业）和服务业（第三产业）等非农产业为主的现代城市型社会逐渐转变的历史过程。城市化过程包括人口职业的转变、产业结构的转变、土地及地域空间的变化。城市化是一个地区的人口在城市相对集中的过程，其意味着城市规划建设用地的扩展，表现为乡村人口向城市人口的转化以及城市不断发展和完善的过程；城市文化、城市生活方式和价值观在城市地域的扩散以及人类生产和生活方式由乡村型向城市型转化的历史过程。我国在改革开放以来，伴随着经济的发展和国家土地流转制度、户籍制度的改革，已经开始由农业人口占很大比重的传统农业社会向非农业人口占多数的现代文明社会转变，城市化进程取得巨大成就。早在中共中央十五届四中全会上通过的《关于制定国民经济和社会发展的第十个五年计划的建议》，中国首次在最高级别的官方文件中使用了“城市化”一词。国家“十一五”规划纲要就已经明确“要把城市群作为推进城市化的主体形态”。“十二五”规划再次建议，以大城市为依托，以中小城市为重点，逐步形成辐射作用大的城市群，促进大中小城市和小城市协调发展。2013年，国家发展改革委员会在《关于2013年深化经济体制改革重点工作的意见》中要求研究城市化发展规划，分类推进户籍制度改革。在2013年12月12日到13日举行的“2013年中央城市化工作会议”中，习近平主席发表了重要讲话，分析了城市化发展形势，明确推进城市化的指导思想、主要目标、基本原则和重点任务；会上指出，城市化是现代化的必由之路，推进城市化是解决农业、农村、农民问题的重要途径，是推动区域协调发展的有力支撑，是扩大内需和促进产业升级的重要抓手，对全面建成小康社会、加快推进社会主义现代化具有重大现实意义。至此，我国新一轮城市化规划正在制定中，而城市群作为未来城市化发展的主体形态被赋予更多关注。数据显示，1978年中国的城市化率是17.9%，2011年12月，中国社会蓝皮书发布，中国城市人口占总人口的比重将首次超过50%，标志着中国城市化首次突破50%。2012年达到52.6%，2014年已经达到了54.77%①。

但是，随着社会经济的快速发展，伴随着城市化快速推进的进程，中国城市生态环境形势日益严峻，污染负荷将突破城市生态与环境的承载能力极限的问题令人担忧。

1.1.2 城市化带来的生态危机

世界各国的城市化进程在不同的历史时期具有不同的特点，甚至每个城市形成的驱动力也是不同的。中国作为发展中国家，城市化进程虽然较发达国家起步较晚，然而，在改革开放后的30多年间却以前所未有的速度迅猛发展，并正在完成着人类历史上最为波澜壮阔的城市化运动。这一城市化过程，伴随的经济的快速发展，一方面使得国家经济和人民生活水平有了长足的进步，另一方面也同样带来了严重的生态环境危机。总体而言，我国城市化过程中以下几个方面凸显的问题不容忽视。

首先是人口增长过快。人类的生存不仅依赖于地球上的各类自然资源，而且人口和自然之间是相互作用、相互影响的。从一定意义上讲，城市化既可使农村人口向城市聚集，以减少对自然环境的负面影响；但同时也会加重城市水、电、燃气等资源消耗的负担，增加生活垃圾、废气、污水等废弃物的排放。城市化的发展必然伴随着人口增长，但如果城市的人口增长过快，一旦其产生的各种废弃物排泄量超出了城市环境的承载能力和自净能力，就必然带来城市环境污染。我国是世界人口大国，相关数据表明截至2015年底，我国城镇常住人口77116万人，乡村常住人口60346万人，城镇人口占总人口比重为56.1%。伴随着城市化

① 数据来源：国家统计局。

进程，这一比例将继续攀升。可想而知，在当今已然十分严峻的生态危机的现状下，伴随着城镇人口的持续增加，我们面临的环境和资源挑战也将日益严峻。

其次为土地资源短缺。城市化建设必然需要一定的土地做保障，按照每个城市人口占地 $100m^2$ 计算，每增加1亿城市人口，需要增加城市面积5万 km^2，即1500万亩。所以，无论是城市数量的激增还是城市规模的快速扩张，都对土地资源的可持续合理利用造成了巨大的冲击。我国人均土地资源占有量小，且各类土地资源所占的比例不尽合理，主要是耕地与林地少、难利用土地多、后备土地资源不足，特别是人与耕地的矛盾尤为突出。正因为如此，我国正面临着人口、土地资源、环境与社会经济协调发展的巨大挑战，也给我们在如何合理利用土地方面提出了更高要求。合理的城市化进程是节约利用土地的过程，保护耕地，节约和集约用地，提高土地集约化利用程度。而我国恰恰对城市的功能、性质和定位的认识不足，许多地方都是片面追求面积扩大，盲目向外扩张，使得城市建设用地的集约化程度降低，造成土地资源的浪费。

再次是生物多样性的减少。生物界多种多样的物种是大自然的基本组成部分，也是人类赖以生存和实现可持续性发展的必要基础，我国则是世界上物种多样性最为丰富的国家之一。而在城市化建设过程中，由于缺乏合理的规划、建设和管理，城市下垫面发生了根本性的转变，由原有的自然基底变成极高比例的硬化基底，毁林开山、硬化河湖、填埋湿地等现象普遍发生，导致生境破碎，破坏了生物的固有栖息地，致使城市内部及周围的生物多样性受到威胁，进而制约了城市经济、社会以及资源、环境的可持续发展。

由上述问题最终导致的大气、水体及土壤的污染以及人均公共资源减少等大量环境问题，成为城市居民的切肤之痛。尤其是近几年由于城市的发展和工业的增长，造成了严重的空气污染，雾霾成为华北、华东很多城市人民的梦魇；城市内涝给很多城市留下了伤痛；水资源的短缺成为很多城市的短板；土壤污染和水污染所引发的食品安全问题也成为人们心中挥之不去的阴影。种种这些不绝于报端的报道，都凸显出我国大量城市在城市化进程中所面临的生态危机。再以北京市为例，在城市化快速发展过程中，由于常住人口和流动人口、能源消费、机动车使用、城市建设快速增长，伴随着大量污染物排放，付出了沉重的资源环境代价。北京也属严重缺水城市，可用水资源量为26亿 m^3，人均水资源量只有 $224m^3$，不及全国的10%和世界的3%，年均用水量的近1/3靠消耗水库库容、超采地下水以及应急水源常态化维持；北京机动车保有数量快速增加，到2011年5月已达到490多万辆，按照相关部门的政策，2020年控制在630万辆以内，机动车尾气已经成为大城市空气污染的主要来源，空气污染问题逐渐从煤烟型转化为煤烟型与机动车污染型的混合型污染；北京的城市生活垃圾的处理水平和资源化率不高，大量垃圾未经合理、安全的处置就堆放在城市的周边地区，不仅占用了大量土地，还造成了严重的土壤、水体污染；北京现代城市被钢筋水泥的建筑所包围，建筑施工开复工面积居高不下，城市的自然生态系统受到了严重的破坏，生态失衡问题严重，“城市热岛”效应问题十分突出（梁嘉琳，2011）。

由此可见，城市化过程是一把“双刃剑”，城市化的快速发展一方面带来了“金山银山”，另一方面也带来资源能源及原材料的过度消费，造成大自然自我修复能力的下降乃至消失，从而带来了严重的生态环境问题。可以预见，随着我国经济高速发展和城市化进程推进，城市发展与资源能源消耗、环境污染之间的矛盾将越来越突出，而如何在自然生态与城市发展之间建立起永续的平衡成为国家和人民关注的焦点。

值得欣慰的是全社会从政府到人民已经认识到环境问题的严重性，从国家政策层面上已经出台了大量的生态环境治理的政策。习近平总书记早在2005年就高瞻远瞩地提出了“既要青山绿水，也要金山银山”的著名论断。2012年11月，党的十八大从新的历史起点出发，做出“大力推进生态文明建设”的战略决策，提出“面对资源约束趋紧、环境污染严重、生态系统退化的严峻形势，必须树立尊重自然、顺应自然、保护自然的生态文明理念，把生态文明建设放在突出地位，融入经济建设、政治建设、文化建设、社会建设各方面和全过程，努力建设美丽中国，实现中华民族永续发展。”2015年5月5日，《中共中央国务院关于加快推进生态文明建设的意见》发布。2015年10月，随着十八届五中全会的召开，增强生态文明建设首度被写入国家五年规划。在2015年的政府工作报告中，国家领导人对环境治理问题极为重视，提出“环境污染是民生之患、民心之痛，要铁腕治理”，要打好节能减排和环境治理攻坚战。

1.2 城市园林绿化对城市健康发展的意义

治理环境问题不仅需要整个社会的生产、生活方式的根本性的转变，更需要人类对待自然、对待不可再生的自然资源以全新的认识理念。这其中，不仅包括对于自然的森林、草原、江河湖海等的保护、修复和合理的利用，也包括合理经营农林畜牧水等产业，同时对于伴随着城市化进程而不断扩大的建成环境中的生态环境建设也不容忽视，承载改善生态环境和提供居民休憩之所的城市绿地具有重要的作用。

1.2.1 绿地与绿化

通俗而言，绿地是被植被占据、生长、覆盖的地表和空间。而城市环境中的绿地则有狭义和广义之分。广义上的城市绿地包括城市中的各类园林绿地和农林生产绿地等，狭义是指城市中从用地性质上来说被赋予一定功能与用途的绿化区域。我国在相关标准中规定，城市绿地是以植被为主要存在形态，用于改善城市生态，保护环境，为居民提供游憩场地和美化城市的一种城市用地。城市绿地系统的组成因国家不同而各有差异，但总的来说，其基本内容是一致的。它包括了城市范围内对改善城市生态环境和生活条件具有直接影响的所有绿地。日本的城市绿地系统由公有绿地和私有绿地两大部分组成，内容包括公园绿地、运动场、广场、公墓、水体、山林农地、寺庙园地、公用设施园地、庭园、苗圃试验用地等。美国城市绿地主要分为行道树和公园绿地（张岳恒等，2010）。英国城市绿地主要包括公共公园、共有地、杂草丛生的荒地以及林地（Pauleit&Breuste，2011）。根据我国住房和城乡建设部《城市用地分类与规划建设用地标准》（GB 50137—2011）的规定，将绿地与广场作为同一类用地（G类用地），其内容包括公园绿地（G1）、防护绿地（G2）和广场用地（G3）三类；在《城市绿地分类标准》（CJJ/T 85—2002）中，城市绿地被分成了五个大类，包括公园绿地（G1），即向公众开放，以游憩为主要功能，兼具生态、美化、防灾等作用的绿地，包括综合公园、社区公园、专类公园、带状公园和街旁绿地五类；生产绿地（G2），是指为城市绿化提供苗木、花草、种子的苗圃、花圃等圃地；防护绿地（G3），指城市中具有卫生、隔离和安全防护功能的绿地；附属绿地（G4），即城市建设用地中绿地之外的各类用地中的附属绿化用地，包括居住绿地、公共设施绿地、工业绿地、仓储绿地、对外交通绿地等八个中类；其他绿地（G5），是指对城市生态环境质量、居民休闲生活、城市景观和生物多样性保护有直接影响的绿地，包括风景名胜区、水源保护区、郊野公园、森林公园、自然保护区、风景林地、湿地、垃圾填埋场恢复绿地等。

绿化（greening，planting）是一个在生产实践过程中产生的词语，它主要是指栽种植物以改善环境的活动，包括国土绿化、城市绿化、道路绿化、社区绿化等方面。“绿化”一词起源于苏联，在中国约有50年的历史。而“园林”则是一个中国传统的词汇。毛泽东主席在1958年8月召开的中共中央政治局北戴河扩大会议上提出“要使我们祖国的山河全部绿化起来，要达到园林化，到处都很美丽，自然面貌得到改变”，正式做出了“园林化”的要求。1980年3月12日是新中国成立后的第1个植树节，我国提出了“植树造林，绿化祖国”。可见绿化可以理解为一切栽植植物改善生态环境的活动、行为和结果，使用的范围更为宽泛。当我们将“园林”和“绿化”关联起来应用的时候，可以理解为绿化是园林的基础，其注重植物栽植和实现生态效益的物质功能，同时也含有一定的“美化”意义。由此可以认为绿化有狭义与广义之分。在广义上，绿化即指全国乃至大地的绿化，囊括了城乡、山河绿色环境的保护与恢复以及人工种植大片的树木和花草；狭义的绿化是指在城市或某些特定区域种植绿色植物，营造具有生态功能，同时为具体提供休闲娱乐的美丽环境的行为。在普通大众的使用过程中，通常绿化多指种树、栽花、种草的具体活动。绿化的本质是崇尚自然、回归自然，但其又是人工对自然的再造，因此绿化是经人工艺术再创造的自然美（俞宗明，2009）。由此可见，在不同的语境下，绿化可以是指一种活动，一种行为，一种结果，而这一结果的具体载体就是绿地，包括广义和狭义的绿地。因此很多情况下，园林绿化等同于绿化。本书的内容即采用这一解释。随着城市化进程的不断扩张和改善城市生态环境的需求不断提高，园林绿化行业的责任也日益重大，城市的绿地率需要不断增加，绿化的质量也需不断提升。

由于本书是服务于城市管理者和广大市民，因此为了符合普通居民的用语习惯和理解，也服务于研究的目的，在本书中多使用“绿化”一词，我们可以认为绿化与绿地，在城市管理的范畴下，其含义及其所描述的事物是一致的。我们也没有严格区分广义和狭义的城市绿地的范畴，而是指从城市管理的角度，在社区管理的范围内的所有用于栽植植物的用地或者空间。

城市园林绿化是唯一有生命的城市基础设施，与城市建筑物、构筑物及各类市政基础设施密不可分，必须统一规划、协同建设、综合管理。《住房和城乡建设部关于促进城市园林绿化事业健康发展的指导意见》（建城［2012］166 号）中指出，城市园林绿化作为为城市居民提供公共服务的社会公益事业和民生工程，承担着生态环保、休闲游憩、防灾避险、景观营造、文化传承、科普教育等多种功能，是实现全面建成小康社会宏伟目标、促进两型社会建设的重要载体。

1.2.2 绿化对于改善城市生态环境的意义

园林绿地是城市的绿色基础设施，科学合理的绿地布局和建设，可以促进城市生态、社会和经济多样性的发展。园林绿地的多尺度、系统化、结构化、功能化有利于加强保护和逐步恢复区域、城市的自然生态系统，实现区域生态保护，形成集生态、生产、生活为一体的绿色开放空间网络；可以促进生境恢复和物种多样性的保护与恢复，增加城市居民日常游憩的机会及空间，改善和提高城市生活品质。具体而言，城市绿化在改善城市生态环境中发挥着以下几个方面的功能和效益。

其一，园林绿地是城市最具有生态功能的要素。绿化具有维持城市生态系统平衡、保障生态系统良好运作的功能。首先，绿化组团为许多野生动植物提供了生息繁衍的场所，成为其栖息地，进而保证了生态系统的稳定和平衡，保障了城市的生物多样性和生物链的正常运转。其次，植物不仅为土壤微生物、食草动物等提供了生长环境，也为土壤中的分解者提供了营养元素，还具有减少地表径流、涵养水源等诸多生态功能，促进了生态系统的物质循环和水循环。

其二，绿化具有改善和调节城市环境的功能。绿化可以调节气候，具有降温增湿的效益，对于缓解城市热岛效应有显著的效果。城市中心因人口稠密，形成了严重的热岛效应，城市园林绿地中植物本身的蒸腾作用能消耗许多热量，诸多研究表明，植物通过叶片蒸发水分，达到调节湿度的功效，为人类创造了舒适的生活空间。不仅如此，绿化树种在夏季也能为行人和游客阻挡直射的阳光，防止西晒、降低风速，提高了环境舒适度。绿色植物可以固碳释氧、滞尘杀菌，使绿化具有净化空气的功能。随着城市人口的高度集中以及工业和交通业的发展，排放的废气越来越多，不仅影响了环境质量，更损害了人们的身体健康，植物可以通过光合作用吸收二氧化碳释放氧气，达到净化空气的作用。植物对二氧化碳之外的其他有毒气体也具有吸收和吸附、滞纳作用，进而改善环境，促进城市生态的良性循环。物质能源的迅速消耗致使雾霾、酸雨等恶劣空气污染问题愈发严重，地表扬尘、工业排放、生物质燃烧等过程产生了大量严重危害人体健康的大气颗粒物，而植物正是城市颗粒污染物的重要过滤体，其通过滞留、附着和黏附三种方式滞纳粉尘，有效地降低了大气颗粒物的含量。通过绿化还可杀灭空气中有害的微生物、增加空气负离子的浓度，为人类健康提供保障。

除此之外，绿化还间接地具有减弱噪声的功能。城市工业高速发展的同时带来了大量噪声，而绿化林带可阻挡噪声的传播或者通过树叶的微振将噪声不同程度地消耗，成为减弱城市噪声的“消音器”（姜庆娟，2013）。园林绿化植物盘根错节的根系起到了紧固土壤、固定沙土石砾的作用，可以防止水土流失、山塌岸毁，保护自然景观。绿化在降解有机污染物等方面也有显著效果，具有改良和修复土壤的作用。植被还具有拦截雨水、延缓径流等功效，使园林绿地成为调节城市雨洪的主要载体。近几年，随着城市水患问题的加剧，园林绿地在滞纳雨洪、净化水质中的生态价值也逐渐引起了广泛的重视。

1.2.3　绿化为城市居民提供实用功能

首先，绿化为人们提供了舒适、有益身心的活动场所。随着经济的高度发展，城市里高楼林立，汽车尾气、工厂排放等使空气质量严重下降，人们离自然越来越远，工作压力的增大更易使人产生疲惫感与紧张感，各种环境诱发的疾病与日俱增，人们越来越关注良好的环境和身心健康。通过种植园林绿化植物，可以为人们提供一个舒适、安静、放松的休憩空间。城市居民不仅可以在其中运动、休闲、举办活动，也可以互相交流。美好的绿化效果，不仅可以满足人们的观赏需求，其产生的负氧离子还能满足人们健康的需求，这也为城市居民康体锻炼提供了一个良好的环境。值得一提的是，近些年流行起来的园艺疗法，也是借助欣赏植物和参与种植植物相关的多项活动，对人们的生理和心理健康及恢复发挥作用，从而改善病人的生理和心理状况，帮助病人尽早恢复健康。这一理念已逐渐应用到医疗机构的附属花园、疗养院、康复中心、纪念园等花园设计中。

其次，绿化赋予了绿地承载防灾避险的功能，在出现突发情况时，为疏散居民和度过危险期提供了场地保障。我国人口众多，地域广阔，自然地理环境较为复杂，灾害发生较多，城市防灾公园承担着避难场所、避难通道、急救场所、灾民临时生活场所、救灾物资集散地、救灾人员驻扎地、倒塌建筑物临时堆放场等多种功能，在抵御灾害发生后引发的二次灾害和避灾、救灾过程中，均发挥着极其重要的作用（李景奇和夏季，2007）。

1.2.4 绿化具有美化城市的功能

城市绿化创造了美的环境。城市充满了建筑僵硬、冰冷的线条，使人如置身于水泥森林之中。运用科学合理的艺术手段将不同类型的植物搭配在一起，对美化城市具有重要的作用。首先大量具有自然气息的绿色植物种植在城市中，柔和了僵硬的水泥森林、丰富了建筑群体的轮廓线，并可遮蔽丑陋的不雅之物，美化公园、广场、街道和市中心，成为城市一道亮丽的绿色风景线，愉悦人们疲惫的视觉感官。同时植物本身就具备人类欣赏的美学特征，不同花色、花期，不同高矮、株型的植物互相结合与补充，从不同层次、不同角度和不同时期形成美丽的植物景观，供人们从形态、色彩、方向、质感等方面得到美的享受。绚丽多彩的园林植物与功能各异的园林建筑小品、不同庆典节日主题等相结合，既点缀了城市重要的节点空间，丰富了景观、增添了生机，更烘托、美化并营造了特定场所或节日的氛围。人们春赏桃红柳绿，夏赏映日荷花，秋赏层林尽染，冬赏雪压青松，一年四季，乐此不疲地欣赏着植物在城市中带给人的万千变化。可以想象，失去了绿色植物之美，城市的宜居将无从谈起，而这恰恰是绿化的本质。

1.2.5 绿化的文化功能

园林绿化是文化表达的载体。园林绿化既具有自然的属性，又具有人文属性。园林绿地常常是城市人文景观的重要组成部分，并创造性地反映出城市独有的特色，甚至成为历史文化遗产，是体现地域文脉特色和独有风貌特色的一项重要载体。1992 年世界遗产委员会第 16 届大会正式提出了“文化景观”（cultural landscape）的概念，文化景观不仅是人类文化遗产的重要组成部分，也是当前和未来历史遗产保护的一个重要发展方向，而这其中，无处不渗透着绿色植物的倩影，甚至许多本身就是园林绿地，而其中的一株古树名木，也可能正是历史文化遗产的价值体现者。

我国是农业文明古国，对于植物的栽培历史悠久，也因此形成了灿烂的植物文化。这些文化内容不仅渗透到生活的方方面面，更是淋漓尽致地表现在传统的园林绿地中，成为中华文化的一枝奇葩。

园林绿化的文化功能及其内涵覆盖多个领域，并将社会、文化和美学等联结起来，例如，文人墨客寄情于古典园林所创作的诗词歌赋在文学领域有极其重要的意义，画家、作家常从园林绿化和自然中吸取灵感，其创作的作品也在提升大众环保意识和科普教育方面有重要作用。从另一方面来看，园林绿地也为文化活动、科学活动的宣传提供了场地，丰富了人们的文化生活，起到科普教育的功能，达到陶冶大众的情操、提高人类整体文化素质的目的，促进精神文明的发展。由此可见，园林绿化促进了人文景观的形成，并且有利于实现人与环境和谐共处这一绿化的终极目标。

综上所述，无论从物质层面还是精神文化层面，城市绿化都是一个城市健康发展的重要保障。

第 2 章　数字城市与城市绿化的数量化管理

伴随着人类城市的发展，人类也不断探索着适应城市发展的管理城市的模式。城市管理是指以城市这个开放的复杂巨系统为对象，以城市基本信息流为基础，运用决策、计划、组织、指挥等一系列机制，采用法律、经济、行政、技术等手段，通过政府、市场与社会的互动，围绕城市运行和发展进行的决策引导、规范协调、服务和经营行为。广义的城市管理是指对城市一切活动进行管理，包括政治的、经济的、社会的和市政的管理。狭义的城市管理通常就是指市政管理，即与城市规划、城市建设及城市运行相关联的城市基础设施、公共服务设施和社会公共事务的管理。现代科技，特别是信息技术的进步和发展，推动了复杂性科学的研究和发展，不仅加速了人类社会全球化的进程，也对人类的物质文化生活方式产生了并将继续产生着巨大的变革，同时也为城市管理提供了新的机遇，为信息技术引领的城市管理变革提供了新的视野。数字城市及数字化城市管理，就是随着信息技术的发展而出现的城市管理模式上的巨大变化。

2.1　数字城市与数字化城市管理

2.1.1　数字城市

伴随着计算机技术、信息技术和网络技术的发展，西方国家率先将数字化广泛运用于城市政府事务管理，并通过数字化为公众提供广泛的、高质量的服务。在这一过程中，美国率先于 1993 年提出了电子政务（e-government）的概念，以克服美国政府在管理和提供服务方面的不足，构建"以公众为中心"的数字化服务，努力实现政府在线服务的改革目标。1998 年 1 月，美国副总统戈尔在加利福尼亚科学中心举行的开放地理信息系统协会上发表了题为"数字地球：21 世纪认识地球的方式"的报告，提出了"数字地球"这一战略思想。"数字地球"一经提出，便引起了全球范围内的广泛关注和深入探讨。同年 6 月 23 日，在美国首次"数字地球研讨会"上，人们将数字地球与遥感技术、地理信息系统、计算机技术、网络技术、多维虚拟现实技术等高新技术和可持续发展决策、农业、灾害、资源、全球变化、教育、军事等方面的社会需要联系在一起，讨论数字地球的内涵和意义。

"数字地球"也在第一时间引起了我国科学技术界和政府的重视，并在国家支持下，迅速投入对其的研究和实践中。数字地球在我国真正的落实至少包含全球级、国家级、地区级和城市级四个自上而下、相互支持促进的层次，并由此提出数字中国、数字区域、数字城市等概念（仇保兴，2011）。

数字城市由此兴起。“数字城市”作为数字地球在城市活动中的具体体现和自然延伸，成为支持数字地球多级构架的基础（仇保兴，2011）。数字城市（digital city）是对不同尺度、不同时空的各个种类城市数据采集，利用先进的信息技术，对城市的自然资源、社会资源、人文资源、经济情况、基础设施等各方面信息加载到数字平台上，通过遥感（RS）、全球定位系统（GPS）、地理信息系统（GIS）、模拟技术、多媒体技术以及大规模存储等技术实现城市信息化，支撑城市的规划、建设、管理以及发展决策。其核心在于将城市建设、管理、经济和民生等信息与空间地理位置信息联系在一起，实现更广泛和更精准的服务。数字城市能实现对城市信息的综合分析和有效利用，通过先进的信息化手段支撑城市的规划、建设、运营、管理及应急，能有效提升政府管理和服务水平，提高城市管理效率、节约资源，促进城市可持续发展。“数字城市”是人类对物质城市认识的一次飞跃，它与“园林城市”、“生态城市”一样，是对城市发展方向的一种描述，不仅给城市发展带来了新的发展机遇和活力，也为城市、社会、经济、人口等全面、健康、和谐及可持续发展提供了重要支持（仇保兴，2011）。

2.1.2　数字化城市管理

数字城市必然要求数字化的城市管理。数字化城市管理是城市管理的信息化过程，是以城市良性运行与可持续发展为目标，广泛运用计算机、网络、空间、通信、嵌入与控制技术，对城市系统进行综合规划、建设、管理与服务的技术与应用体系。数字化城市管理是城市发展的长期战略，是城市现代化的重要内涵（修文群等，2010）。

数字城市建设和数字化城市管理从提出至今，虽然时间不长，但在全球范围内尤其是发达国家发展迅猛。比如美国的“第一政府”网站、新加坡的“电子公民中心”和 PPGIS 系统等，以及许多国家的数字化公共服务的绩效评估等。

我国传统的城市管理存在诸多的问题，典型如城市管理中存在的信息更新不及时，管理被动后置；政府管理缺位，专业管理部门职责不明，条块分割，多头管理，职能交叉；管理方式粗放，习惯于突击式、运动式管理；缺乏有效的监督和评价机制等等，管理链条较长（图 2-1）。这些都极大地阻碍了城市的健康发展。

自 20 世纪 80 年代中期以来，我国许多城市就已经开始应用“城市规划管理信息系统”，进入 90 年代，随着 GIS（地理信息系统）、MIS（计算机管理信息系统）、OA（办公自动化）技术的推广和应用，更多的城市开始将计算机技术应用到城市管理中。“九五”和“十五”期间，我国将数字城市的核心技术——“GIS

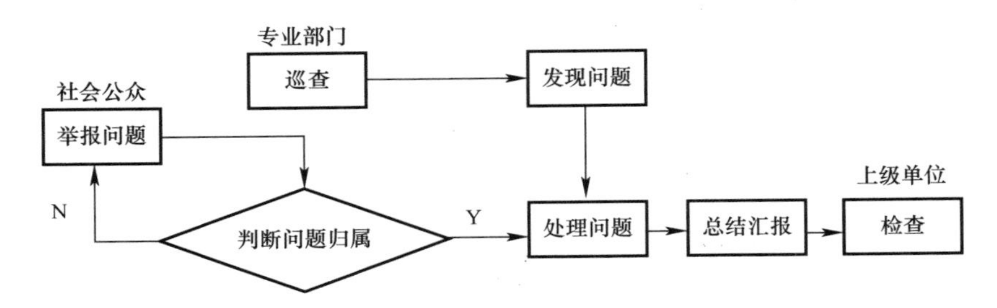

图 2-1 传统城市管理模式业务流程图（任志儒，2007）

平台软件研制”列为国家 863 计划的重中之重项目，将“数字城市”项目列入国家“十五”重大科技攻关项目，将地理信息系统软件产业发展作为我国软件产业发展之首。在中共中央办公厅、国务院办公厅《2006～2020 年国家信息化发展战略》文件发出后，我国开始了“数字城市”的大规模建设（李林，2010）。2005 年，建设部在全国范围内推广北京市东城区数字化城市管理新模式，共在全国选择 51 个城市进行了数字化城市管理模式试点；2009 年，在全国各试点城市数字化城市管理模式建设探索的基础上，住建部组织编写了《数字化城市管理模式建设导则（试行）》，至此全国数字化城市管理模式建设有了统一标准。根据国家测绘局的相关报道，从第一批 6 个数字城市空间框架试点启动以来，发展到 2010 年，我国数字城市建设由点到面、逐渐铺开，全国有 29 个省、自治区、直辖市的 112 个城市（区）开展了数字城市地理空间框架建设，其中近 30 个城市已基本建设完成。截至 2012 年 9 月，我国已有 270 多个地级城市开展数字城市建设，其中有 127 个城市已经建成数字城市并投入使用。其中北京市、上海市、天津市，广东省中山市、广州市，浙江省杭州市，江苏省南京市、苏州市，山东省青岛市等城市都属于我国“数字城市”发展较快较好的城市。“数字城市”涵盖了城市管理的各个层面，诸如政府信息化、城市信息化、社会信息化以及企业信息化等，涵盖了政府办公、业务审批、绩效考核、城市应急、网络安全、环保绿化节能、市民卡、社保医保、智能小区、企业客户关系、电子商务等方面的内容（图 2-2）。

我国在各个城市的数字化建设中，采用了国际上先进的数字化应用理念和信息网络科学技术，学习国际上数字城市建设的成功经验，同时结合中国的实际国情，形成了一条具有中国特色的城市信息化发展道路。从上述城市的发展情况和建设的思路来看，其重点都在于充分利用城市信息网络资源，着眼于利用数字化与智能化技术，将原有复杂、冗繁的纵向城市管理系统向简单、扁平化的方向转变，从而大力提高城市管理的效率和效益（图 2-3）。

在国内众多城市进行数字化城市管理的探索中，北京市走在前列。2004 年北京市东城区尝试以信息化推动城市管理创新，首创并实施网格化城市管理新模

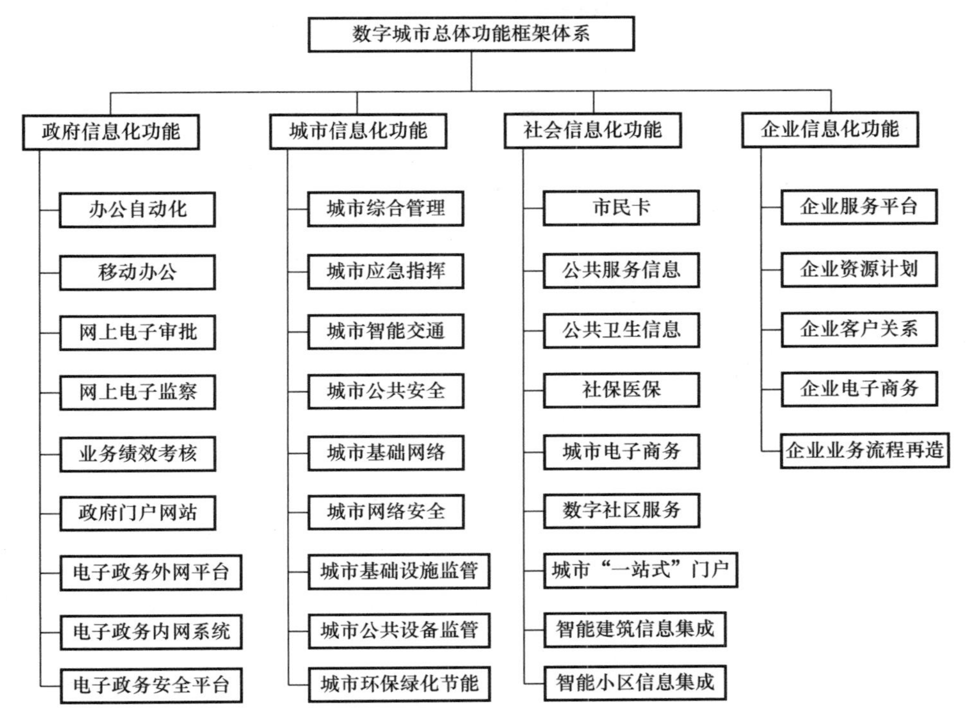

图 2-2　数字城市总体功能框架体系（任志儒，2007）

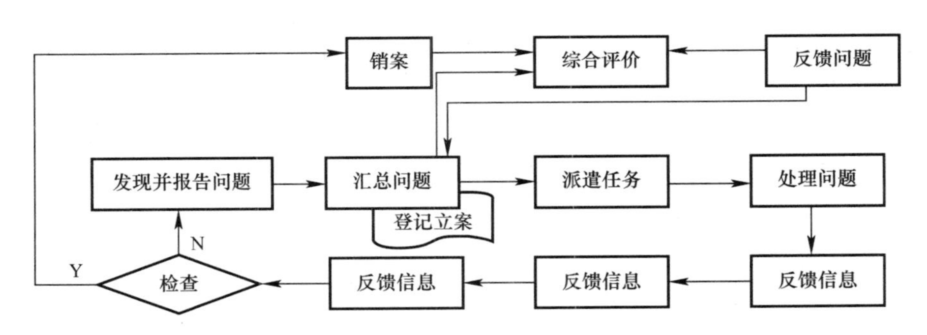

图 2-3　数字化城市管理模式流程图（任志儒，2007）

式（杨宏山、皮定均，2012），提高了城市管理的精细化和标准化水平，成为全国的样板。北京市朝阳区在数字化城市管理方面建立的“朝阳模式”得到了成功的实践。2005 年，北京市朝阳区借鉴东城区网格化管理经验，开始建设网格化城市管理系统，而且超越最初定位，发展成为社会服务管理的综合监督平台和决策支持系统，形成了富有中国特色的全模式社会服务管理系统 Citi-PODAS 城市管理模式，在国内又被称为“朝阳模式”。住房和城乡建设部副部长仇保兴（2009）在《数字化城市管理理论与实务丛书》的序中指出，“在住房和城乡建设部强有力的推动及各城市政府的努力下，中国城市数字化管理前沿的探索已经可以与世界最先进的城市管理模式相媲美。中国数字化城管 Citi-PODAS 模式，与2004年赢得美国城市管理创新大奖的巴尔的摩 CitiStat 模式相比各有优劣，并且富有中国特色和时代特征。中国数字化城市管理的 Citi-PODAS 模式可以从技术、机制与制度三个层面根除传统城市管理的弊病，解决当前中国城市管理中的诸多问题，实现中国城市管理的革命性突变和历史性进步。”

2.2 从城市园林绿化数字化到数量化管理

数字城市的蓬勃发展，也使得信息技术和相关理念逐渐普及到城市园林绿化管理中。在我国，很多城市在开展数字城市管理实践的同时，也在城市绿化相关的各个方向都进行了数字化管理的研究和实践。

2.2.1 园林绿化数字化管理

我国的园林绿化建设和管理主体在不同的城市隶属于不同的部门，但是大部分城市的公共绿地由园林部门管理。城市中的一些诸如以科研为主的植物园或者具有文物性质的公园绿地则归属科学院或者文管局系统管理，也有些属于其他类型的开发和管理主体。但总体而言，在数字化城市的建设过程中，园林绿化的数字化管理也渗透到各个方面。

2.2.1.1 植物园系统的数字化管理

植物园是植物资源收集、研究、科普教育及提供公众休闲娱乐的综合性绿地，与普通城市公园不同的是，其不仅植物资源丰富，而且也是一个技术资源集中的地方，因此在绿化数字化管理方面，植物园走在了前列。我国的中国数字植物园（Chinese Virtual Botanical Garden，CVBG）就是其中典型的案例。中国数字植物园是以中国科学院植物研究所北京植物园为例，开发建立的一套通用的植物园数字化管理平台，包括数据库管理、定植信息、GIS、全景漫游、科普展示等主要功能模块。通过这个平台，系统收集整理全国植物园的地理位置、园区地图、栽培物种收录特色等基础信息，实现全国植物园数据关联，根据各植物园数字化的实际，制定数字植物园统一的规范、标准，设计、开发具有自主知识产权的，面向公众、同行等开放的活体植物信息采集、更新、管理、共享的系统平台和信息管理与运行机制，充分将植物园科研、管理、科普的功能融为一体。该平台已为北京教学植物园、黑龙江省森林植物园、南宁树木园等国内植物园所采用，进行植物园数字化建设。未来期望建立统一的植物管理信息规范和元数据标准，整合已有的信息和计算机网络资源，实现网络、硬件、数据库、信息、应用软件的共享，为植物园基础地理信息管理、植物数字化管理、植物生态环境分析、科学研究、业务管理、科普教育、旅游服务等信息系统提供统一的空间信息服务平台和业务信息共享平台，为各类业务管理和决策提供网络自动化环境，消除“信息孤岛”和“信息壁垒”，统一数字植物园技术平台，实现全国数字植物园联盟。该平台的建成，必将极大地增强我国植物园的科学管理水平，提升植物园的国际地位，对植物科学研究及植物科学技术普及具有重要意义。

北京植物园利用全球定位系统（GPS）与 BG-Recorder 2000、Map Info Pro 4.5 相结合，建立了包括植物引种登记、植物物种、栽培定植等内容的植物信息数据库和图、文、表一体化的植物定植电子地图，初步实现了植物信息数字化管理，为开展植物园间或植物引种信息交流与合作创造了条件（王康，权键，张佐双，2005）。

广东省数字植物园重点实验室依托于中国科学院华南植物园，于 2004 年立项。其研究方向主要包括数字植物园理论与技术集成暨虚拟植物园建设、数字化植物标本馆、基于数据库植物资源种质创新与利用、基于 3S 技术的广东省森林植被动态监测等方面，研究重点在于数字植物园理论与技术集成暨虚拟植物园建设。其中虚拟植物园是以互联网为基础，以空间数据为依托，以虚拟现实技术为特征，具有三维界面和多分辨率浏览器的面向公众的开放系统，使现实植物园的信息实现数字化管理，并为公众提供身临其境的交互体验或访问平台。并通过动画模拟现实植物园，为植物园科普教育现代化服务。此外，我国的黑龙江森林植物园、丽江高山植物园等数十个植物园也都进行了数字化管理的实践。

中国数字植物标本馆（Chinese Virtual Herbarium，简称 CVH）网站（www.cvh.org.cn）是在科技部“国家科技基础条件平台”项目资助下建立的，其宗旨是为用户提供一个方便快捷获取中国植物标本及相关植物学信息的电子网络平台。建设的目的包括提供中国植物标本及相关植物学的全面和最新的信息，供专家及一般用户上网查询；为国内同行间交流与合作提供平台，并实现与国际接轨；提供政府及民间对植物多样性保护和可持续利用的参考资料；促进参与标本馆的现代化管理建设进程。最终目标是把 CVH 建设成为中国植物标本信息及植物学科的国家型门户网站。“中国数字植物标本馆”网站自 2006 年初开通以来，访问量不断攀升，已经成为国内外同行认知度越来越高的专业网站。目前“中国数字植物标本馆”包含数据库 20 余个，包括中国科学院和地方科学院及一些大学标本馆，基本上包含了我国主要和重要的标本馆信息。

2.2.1.2　古树名木的数字化管理

除了植物园系统和标本馆系统的数字化管理建设，我国多省市的园林绿化部门在古树名木的数字化管理方面也进行了大量实践，包括北京、沈阳、郴州等等。以辽宁省沈阳市为例，该市园林植保中心应用先进的计算机技术和数据信息技术，通过建立集图像、表格、文字为一体的现代化图文数据管理系统，对沈阳市的古树名木进行准确的动态监测、查询以及开发利用等，改变了以前通过人工手段来完成对古树信息的管理和维护，因而很难做到对动态数据进行及时更新和便捷处理的问题，进一步规范全市古树名木管理。他们的数据信息管理系统建立了空间信息数据库和属性数据库，在每个数据中都包含多种相应的数据，同时能够通过系统对数据库内的数据和信息进行更新、查询、分析统计和共享等操作。功能模块设计系统划分成了四大子系统，分别是应用维护子系统、地图编码子系统、统计分析系统和基本数据维护系统。管理者可以方便在地图上查询每株古树名木的生长位置，同时可对古树名木的地点、环境、树龄、树种等一系列数据指标进行分析、查询、修改，并可根据树木的生长状况、生存环境、立地条件等指标的变化及时改进管理措施，实现古树管护的动态管理。古树名木是城市的宝贵资源，通过现代化的技术对其加强管理具有重要的现实意义。

2.2.1.3 园林绿化的数字化管理

构建城市园林绿化数字化管理的平台，是实现园林绿化高效管理和精细化管理的重要途径。我国很多城市如北京、上海、西安、昆明等均在这方面进行了大量的实践。这些数字化城市绿地管理系统的功能主要集中在数据资料建库、网络信息公开、电子政务等方面。例如上海市较早建立的城市绿化管理信息系统是以GIS（地理信息系统）为支撑的业务办公网络，在网络信息管理和应用、集成业务办公自动化以及GIS应用方面均达到较高的层次，把各职能部门的工作纳入统一的管理范畴。上海市绿化管理信息系统在各区县绿化所建立了数据采集系统（包括属性、报表和绿化图形采集）、绿化数据浏览系统和业务查询统计系统，从绿化信息源上为“数字绿化”奠定了基础。通过这一系统，实现了诸多业务管理上所必需的查询统计功能，如对全市绿地面积、人均绿地、绿化覆盖率、覆盖面积、绿化种植、景观道路、3000m^2以上街道绿地和植物品种等绿化常用指标的查询和统计。同时，利用GIS技术手段，系统还可以向业务人员提供各类分析对比功能（朱钥，汪浩渊，梁慧，2004）。

西安市为了全面提高园林绿化管理部门的工作效率，数字化园林绿化管理系统的功能定位为：管理决策系统化、科学化；管理手段现代化、网络化；管理方式全面化、动态化；管理效果最佳化、超前化；资源信息共享化、实时化；监督机制社会化、透明化。其系统基本结构是以3S技术为平台，以园林绿化管理工作为主线，以提高决策管理水平为目的，经济性和实用性极强的一个管理系统。系统基本结构包括基础层、服务层、业务层、数据层。基础层是管理系统平台运行的物质基础，包括网络设备、服务器、存储设备以及操作系统、数据库管理系统、GIS平台、安全防护软件等；服务层提供用户业务，应用于服务系统。通过可视化的用户界面表示信息和收集数据，是用户使用系统的接口；业务层是实际业务规则的执行部分。

值得一提的是，除了园林绿化行业的专业主管部门，北京市朝阳区城市管理部门在社区层面上对绿地进行了数字化管理的实践。朝阳区城市管理监督指挥中心是负责朝阳区城市服务管理监督与评价工作的区政府行政机构。负责建立和完善数字化城市管理和为民服务系统及数字化社会运行监测服务管理体系。北京市朝阳区在数字化城市管理方面建立了具有朝阳特色的全模式社会服务管理体系 Citi-PODAS 城市管理模式，其基础数据库的建设不仅包括了人口、单位、事件，也包括了对市容市貌及居民的生活质量具有重要影响的绿化数据，从而将绿化的数字化管理纳入社会化管理的内容中。

2.2.2　从数字化园林管理到数量化绿化管理评价

随着城市的发展，城市管理也越来越精细化。以“数字化”为基础，精细化的管理主要体现在标准化、数量化以及细微化三个方面。所谓标准化就是按照管理细致的要求制定并落实各项标准；数量化是将各个城市管理的各项标准基本数据进行量化的统计、分析，在各项指标的量化分析之上进行量化评价，实现城市管理的细微化。这其中，数量化评价是一个重要的手段。

数量化评价是指对事物发展过程和结果从数量方面进行描述、分析，采用数学的方法取得数量化结果的评价方法。其优点是统计分析科学、精确，具有较高的客观性和可靠性，能使一些含糊概念精确化，使主观随意性的程度减弱，并且具有可操作性较强的特点。在数字化园林绿化管理的基础上，针对不同的管理目标，可对相关的指标进行量化的描述、分析和评价，便于管理者和决策者更清晰地掌握被管理对象的全面的特征，也有利于从不同层面促进管理工作（图 2-4）。

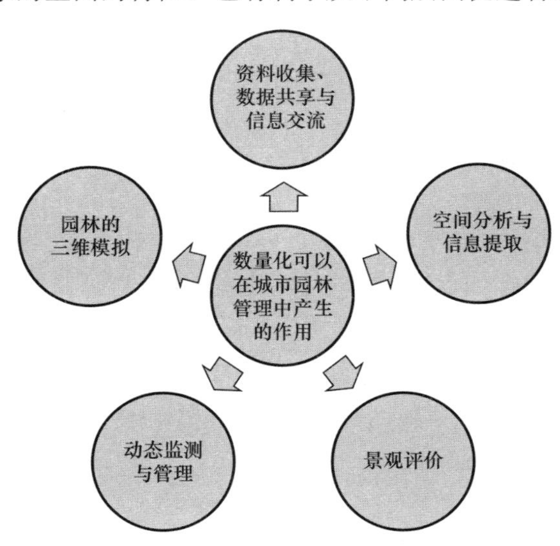

图 2-4　城市数量化绿化管理系统的各功能模块

城市绿化管理走向数量化，是通过大量数据的查询、检索以及模型分析，整合各部门的资源数据，通过数量化的管理，动态分析城市、社区绿化发展和结构布局的时空分布规律，实现辅助决策系统，为宏观决策服务（修文群等，2010）。通过数量化城市绿化管理，推动城市绿化管理方式的变革，由粗放走向精细，从主观判断走向量化评价，从而有效促进绿化建设，实现城市社会效益、经济效益、生态效益的多赢。

北京市朝阳区建设的全模式社会服务管理系统，在构建朝阳区社区数字化管理综合评价体系——社区宜居指数中，将“绿化美化”作为一个重要的评价项目（图 2-5）。2006 年初，朝阳区城市监督管理指挥中心与北京林业大学合作，对城市/社区绿化管理进行了相应的研究和数据平台开发及应用推广，并建立了完整的绿化数量化评价的体系和标准。这一开创性的举措，使得园林绿化的管理从园林行业的专业管理进入到社区居民层面上的大众意识和行为，对于全社会的生态文明教育和居民生态保护意识的提升具有重要意义。

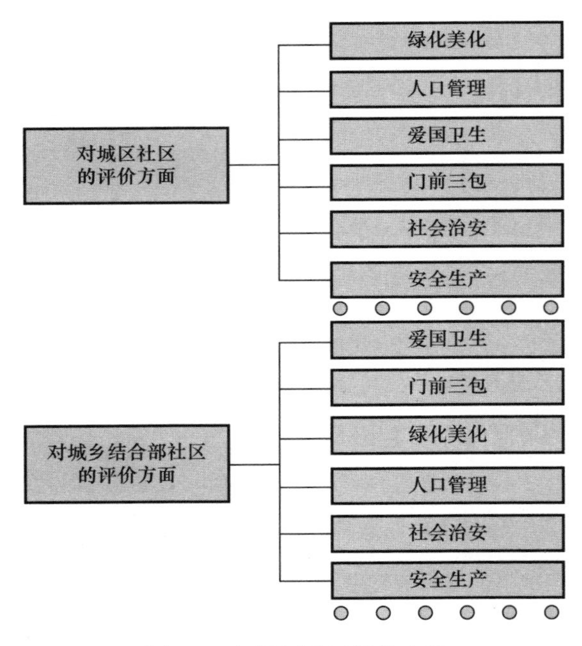

图 2-5　朝阳区社区评价内容

第3章　北京市朝阳区社区绿化管理的新思路

北京市朝阳区是首都国际化程度最高的区域，是国际交往的重要窗口，也是中国经济发展的前沿窗口。朝阳区在城市管理上开创性地提出“全模式社会服务管理系统”。这一模式基于网格化城市管理系统，本着无缝隙管理、合作治理、精细化管理和智能化管理的原则，构建实现社会管理和公共服务功能的系统。该模式依托专业化管理、监督指挥、社会协作三大系统，建设一体化的计算机管理信息系统，并推进流程再造、绩效评估、合作治理和诚信管理等管理改革，显著提升了社会服务管理效能，并能为政务据测提供辅助信息支持（杨宏山，皮定均，2012）。为了充分实现社会协同的城市管理，朝阳区将基层社会服务管理从“单位制”向“街居制”和“社区制”转变，发动社会力量，尤其是各类社会主体和居民个人参与到社区管理中来。而这一管理思路，需要相应的评估和激励机制。而以科学量化的管理方式恰是解决这一问题的有效路径之一。在对社区绿化的管理方面，朝阳区践行合作治理的理念，通过政府、科研单位及企业的通力合作，依托其强大的数字化管理平台，在建立绿化基础数据库的基础上，研究制定了社区绿化的数量化的评价体系，真正实现了精细化和智能化的管理。

3.1　朝阳区的基本情况

朝阳区位于北京市主城区的东部和东北部，西与东城区、丰台区、海淀区相毗邻，北连昌平区、顺义区，东与通州区接壤，南与大兴区相邻，全区土地总面积 470.8km^2，平均海拔 34m。全国第六次人口普查数据显示，朝阳区现有人口 354.5 万人，是北京市“城六区”中面积最大、人口最多的行政区。

全市六大高端产业功能区中，朝阳区是北京市中央商务区（CBD)、奥林匹克中心区、电子城三大功能区的聚集地。文化创意产业规模不断扩大，国际版权交易中心一期已投入使用，三间房国际动漫产业园、崔各庄艺术产业区也在快速推进。经济结构优化升级直接促进了区域经济的发展，也为全市经济发展做出了重要贡献。2010 年，朝阳区地区生产总值达到 2618 亿元，占全市的 19%，人均地区生产总值超过 1 万美元，区级财政收入 230 亿元，同比增长 22.6%，经济总量位居北京市各区之首。朝阳区第三产业比重达到 88.8%，基本形成了以现代服务业为主导、以高新技术产业为支撑、文化创业产业集群发展的多元化产业格局。

伴随着经济的发展，城市人口也在快速增长。朝阳区 2010 年第六次全国人口普查数据公报显示，全区常住人口为 354.5 万人，同 2000 年第五次全国人口普查相比，十年共增加 125.5 万人，增长 54.8%。平均每年增加 12.6 万人，年平均增长率为 4.5%。全区常住人口中，外省市来京人员为 151.5 万人，占常住人口的 42.7%。全区常住人口中共有家庭户 131.8 万户，家庭户人口为 298.2 万人，平均每个家庭户的人口为 2.26 人，比 2000 年第五次全国人口普查的人减少了 0.52 人。朝阳区现辖 24 个街道办事处，19 个地区办事处。城市化的快速发展也带动了朝阳区农村地区（郊区）的发展，其已成为城乡接合部地区。为了加强管理，每个乡成立了地区办事处，作为城乡接合部地区的基层行政管理机构。街道办事处则是城市建成地区的基层行政管理机构。街道办事处和地区办事处分别在街道党工委、地区党工委的领导下，主导社区工作，是社区的行政法人。

此外，朝阳区科技、文教、卫生、体育等事业全面发展。全区有对外经济贸易大学、中央工艺美术学院、中国传媒大学、北京第二外国语学院、北京工业大学等高等院校 33 所；有中学 103 所、小学 227 所，学龄儿童入学率达 99.95%。此外还有职业高中 33 所。有闻名中外的中日友好医院、安贞医院等医疗机构。国家奥林匹克中心、北京工人体育场、日坛公园、北京民俗博物馆等娱乐休闲场所丰富了北京人民的体育文化生活。

3.2 社区绿化是城市绿化的重要组成部分

社区（community）是指以一定数量的人口为主体，在居住过程中形成的具有特定文化、组织制度、生活方式和归属感的地域生活共同体。我国城市社区的范围一般是指经过社区体制改革后做出了规模调整的居（村）民委员会或者社区工作站辖区（温平川等，2011）。“城市街道—居民委员会”的社区管理体制早在 1954 年 12 月就由全国人大常委会第四次会议通过的《城市街道办事处组织条例》中被确立下来，居民委员会的辖区就是城市社区的范围。但是“社区”这一概念更多是在 1986 年民政部倡导开展社区服务以后才逐渐被民众所熟悉（李东泉和刘晓玲，2009），其是社会生活的重要场所，也逐渐成为社会经济发展、国家宏观决策、社会现代化与社会管理共同关注的主体。其不论规模大小，都具有相对稳定、相对独立的地理空间。具有特定关系的一定数量的人口是社区形成的纽带，生活在同一地域的人在地缘上具有一定的归属感和心理、文化上的认同，有共同的利益、问题，进而产生了某些共同的行为规范、生活方式和社区意识。社区的核心内容是社区中人们的各种社会活动及其互动关系，由于人们在经济、政治、文化等各项活动和日常生活中产生互动，形成了各种关系，并由此聚居在一起，形成了不同类型的社区（李东泉和刘晓玲，2009）。由此可以看出，社区的要素包括一定数量的人口、一定范围的地域、一定规模的设施、一定特征的文化、一定类型的组织。那么社区的管理也就包含了对上述各要素的管理。

3.2.1　城市社区绿化的构成

如前文所述，城市绿化具有多种生态、实用、美化及文化功能，在调控城市发展和生态系统的平衡中有着举足轻重的作用。而社区绿化尤其与城市居民生活和生产的关系最为密切，是营建舒适、宁静、卫生、和谐、优美的社区生活环境最重要的内容。社区绿化是社区规划的重要组成部分，依据其在社区中所承载功能的差异以及不同载体所处的位置，社区绿化可划分为公共绿地、道路绿地、宅前宅后绿地、临街绿地、社区外围绿化五类。

按照国家城市绿地的分类标准，公共绿地是指社区居民共同使用或者部分居民共同使用的绿地，包括小区游园、小公园、组团绿地和其他带状块状绿地。其中，小区游园面积一般在5000m^2以上，是社区绿化构成中规模较大的块状绿地类型，供社区全体居民使用；组团绿地面积一般在1000m^2以上，服务于组团内的居民；其他带状和块状绿地是指宽度不小于8m、面积不小于400m^2且绿化面积不少于该绿地总面积的70%（含水面），同时至少有1/3绿地面积可常年受到直接日照的绿地。公共绿地是社区绿化中最重要的一类绿地，代表着社区整体的绿化质量水平，要求较高的规划设计和艺术效果。道路绿化是社区内的绿色网络，也是居民频繁经过的场所，对社区绿化的面貌影响很大，并且其在降噪滞尘、通风和改善社区小气候方面发挥着较为重要的作用。一般主干道的绿化以枝繁叶茂的高大乔木列植形式为主，小路配置则较为活泼，小乔木结合草花种植带、草坪等形式变化多样。社区住宅四周或宅与宅之间的绿化即形成了宅前宅后绿地，其与居民的室内室外生活关系十分密切，更具有美化居民生活环境、阻挡噪声、引导视线等多种功能，为居民提供了一个舒适、卫生、安静的生活环境和活动空间。其绿化形式更为丰富和多样，色彩丰富、各具特色，提高了居民的舒适度和亲切度。当社区位于城市干道的一侧时，需要美化和绿化街景，便形成了以花墙、栏杆结合垂直绿化或花台花境与乔灌木组合而成的临街绿地，其对于阻隔城市道路的噪声发挥着十分重要的作用，为社区内部静谧的生活环境提供了保障。最后一类为社区外围的绿化，它是居民出入的必经之处，也是社区内外绿地的过渡段，起着一定程度的防护作用。这五类绿化共同构成了社区绿化，并在改善社区乃至城市环境、调节社区小气候、为居民提供生活娱乐场所等方面发挥着极其重要甚至是不可替代的作用。

在《城市绿地分类标准》（CJJ/T 85—2002）中，城市绿地被分成了五个大类，即公园绿地（G1）、生产绿地（G2）、防护绿地（G3）、附属绿地（G4）和其他绿地（G5）。纵观北京市辖区内的社区绿地，涵盖了《城市绿地分类标准》中的G1～G5的所有类型绿地（表3-1），是一个十分复杂的综合体。

北京市主要的绿地类型 **表 3-1**

绿地大类	绿地中类	绿地小类
公园绿地	综合公园	全市性公园
		区域性公园
	社区公园	居住区公园
		小区游园
	专类公园	儿童公园
		动物园
		植物园
		历史名园
		风景名胜公园
		游乐公园
		其他专类公园
	带状公园	
	街旁绿地	
	隔离地区生态景观绿地	
	其他公园绿地	
生产绿地		
防护绿地		
附属绿地	商服绿地	
	工矿仓储绿地	
	居住绿地	
	公共管理与公共服务绿地	
	道路（河岸）绿地	道路绿地
		公路放射线绿地
		街巷（胡同）绿地
		河岸绿地

资料来源："第七次"城市园林绿化调查技术报告，2010年，北京市林业勘查设计院。

绿化是社区环境的重要硬件之一，同时也体现着社区管理的软件水平。优质的社区绿化给人们创造了枝繁叶茂、优美舒适的生活和休息环境，社区里的小园林已经成为必不可少的风景。绿化建设不仅可以提高社区的居住环境，更对城市面貌的改造和整个生态平衡起着非常重要的作用，其主要利用各种自然植物的自然属性，同时将植物有机地整合起来，最终形成一个有节奏、有韵律、有生命、有统一也有变化的生活工作空间。一个社区良好的绿化环境不仅提供居民多样的休息活动空间和赏心悦目的景观，也是体现归属感的重要因素（图 3-1）。

3.2.2 社区绿化管理是维护城市绿化成果的重要途径

加强社区管理、充分发挥社区的职能作用是构建和谐社区的一个重要内容，而这其中，社区绿化管理是一个重要的组成部分。园林绿化的好坏不止表现在绿

图 3-1　社区绿化体现归属感

化施工完成以后，由于绿化的主体绿色植物是具有生命力的，会生长、生病及死亡，植物在生长过程中的表现对绿化的整体效果影响很大。此外，人为的不利影响也会对植物及绿化效果产生损害，因此，绿化的养护管理工作尤为重要。美丽、良好的社区绿化直接关系到社区整体的质量和水平，在大力推进“以人为本”的今天，切实加强社区绿化管理工作，对改善社区生态环境、提高居民生活质量及爱绿护绿意识均具有十分重要的意义。

社区绿地涵盖了城市绿地的所有类型和对象。对于社区绿地这种规模大、数据量大、涉及层面多的对象，在监督、管理、维护上需要建立新的思路。如何提升社区居民自身对社区绿化的维护管理意识，建立良性的竞争机制，实现社区绿化的“自治”是一个主要的方向。

由于绿化类型多样、情况复杂，管理中存在的问题也较多。在社区的绿化管理中，以往其内容主要是以维护绿地中的植物以及绿地保洁为主，养护管理方面多由其他管理主体或责任主体（如绿化局、绿化队、门前三包单位、物业公司等）负责完成绿地建成后的浇水、修剪、除草、打药、补苗等绿地日常养护管理工作，而从城市管理角度进行社区绿化管理以及社区居民自发参与管护则比较欠缺。

目前，城市社区绿化普遍存在的问题有以下几个方面：

（1）老社区绿化面积小，但点多面广，且分布不均。部分建设时间较早的社区街道地处老城区，街巷狭窄，可绿化空地少且不集中，因此绿化率极低且绿地分布零散。

（2）部分社区绿化基础薄弱，设施不齐全。由于一些街道社区本身基础设施薄弱，因此部分群众将门前绿地当作垃圾场和下水道，随意倾倒垃圾或生活污水。部分社区景观残缺、绿化相关的养护设施设备短缺。

（3）社区绿化质量较低，植物种类单一。由于种种原因，很多社区绿化基本形式单一，植物种类较少，效果差（图 3-2）。

图 3-2　某些社区绿化形式单一，植物种类较少

（4）居民爱绿护绿意识不够，绿地破坏现象较多，管理难度较大。很多社区绿地遭人为破坏现象严重，除常见的随意踩踏绿地外，大量日常生活行为也对于绿地造成很大破坏。很多社区居民的绿地保护意识淡漠，责任心较弱，社区归属感低。

在提倡“以人为本”、“生态绿化”的今天，如何创建宜居环境已经成为大众思考的问题。社区绿地作为社区环境构成的重要内容之一，对于社区居民的生活质量有着不可估量的影响。同时，社区绿地以其涵盖的多种城市绿地类型，成为城市绿地系统的一个重要组成部分，构建了城市人工生态系统中的重要一环。城市社区绿化是改善社区生态环境质量和维持社区生态平衡的重要途径。社区绿地及绿化配植具有保护环境、美化环境、拓展生活空间等诸多作用，涉及居民的生理、行为、精神、文化等诸多方面，是人、建筑与自然和谐共生的自然基础。

社区是一种基础的管理、服务机构，如果充分调动起来，可以解决很多复杂而琐碎的城市管理问题。如若使得社区的基层管理力量和社区民众积极参与到社区绿化管理中，必将极大地提升社区绿化的管理水平。从社区基层的角度着眼，社区可通过建立一定的激励机制，提升对于绿化管理的积极性，从而将逐步改善绿化质量，把提升绿化档次作为自身工作的一部分；其次合作建立以园林绿化专业机构为主，社区为辅的社区绿化专业养管队伍，自发提升社区绿化的养护水平；建立社区内部监管考核制度及街道社区、城管等相关单位的联系制度；还应本着属地管理原则，以社区为主，加强宣传力度，增强居民爱绿护绿意识。

从城市管理者的角度而言，要在城市的尺度上去思考城市绿地在社区这一层面中，如何实现其自身的功能和意义。随着社会经济的发展，人民群众对生活环境的要求越来越高，但同时也存在部分居民的爱绿护绿意识却没有相应提高，社区绿化破坏现象时有发生。因此，一方面要加大宣传力度，增强居民的社会公德意识，另一方面要积极发动群众，让全体居民都行动起来，争当社区环保明星和绿化监督人，共同参与社区绿化监督管理。这些是需要通过一定的城市管理的新办法和举措来进行促进的。通过机制的创新，大大地调动群众、基层管理人员以及城市管理执法部门各方的积极性，以形成一种新型的社区绿化管理模式。

简言之，在社区绿化的管理上，充分调动社区基层管理人员及居民的积极性和自主性是关键，在相关监管单位和专业部门的带领下，将更好地促进城市绿地的健康发展，还城市居民一个美丽的家园并实现社区绿化应有的价值。

3.3　社区绿化管理的新思路、新实践——“朝阳模式”

新型的社区绿化管理模式为城市管理提供了一个新思路，并将构建和谐、健康、美丽的社区提升到了一个新的高度。为进一步推进这一模式的实施，北京市朝阳区在既有数字化城市管理的模式和经验上，颇具创新性地进行了社区绿化数量化管理的实践，即将社区绿化的评价和管理数量化从而调动各社区居民的自主性和积极性，共同爱护和管理美丽社区。同时，朝阳区的这种数量化绿化管理模式也使城市绿化管理实现数字化和精细化迈上了新的高度。

3.3.1　朝阳区数字化城市管理 Citi-PODAS 模式

北京市朝阳区是首都北京的国际交往的窗口区，作为住房和城乡建设部确定的首批 10 家数字化城市管理试点城市（区）之一，朝阳区在城市数字化管理中一直处于领先地位，也依据其城市管理的实践经验，创造性地构建了一套富有中国特色的 Citi-PODAS 城市管理模式，在国内又被称为“朝阳模式”。所谓 Citi-PODAS 模式，每个字母都涵盖了中国现代城市管理所应具备的基本特征：反映问题社会化（public participation）、监督过程公开化（open）、分析问题数字化（digitalization）、解决问题责任化（accountability）、组织机构权威化（authorization）以及确定问题标准化（standardization）（李东泉，刘晓玲，2009）。

从技术上而言，整个系统以 DCMIP（digital city management information platform）为技术平台，实现了朝阳区万米网络化信息管理系统。这一系统是一个跨机构、一体化、支持前台（门户网站）和后台（内部管理信息系统、电子办公系统、数据库、安全平台、业务平台以及决策支持系统）无缝集成的智能化综合系统（李东泉，刘晓玲，2009）。基于先进硬件和地理信息系统（GIS）网格化的业务管理系统，提高了政府公众服务的质量和精度，在平台层面统一了监管对象的产权主体、责任主体、监督主体、管理主体和执法主体，使得系统的监督性更加的客观。其数据采集和服务用户包括了大众用户、公共服务企业、政府机构各职能部门、领导机构和城管核心应用部门，保证了数据的客观和共享性。

从图 3-3 中可以看出，Citi-PODAS 模式从技术和制度两个层面都在已有的数字化城市管理系统上有所创新。有了 DCMIP 的体系性的数据支持，Citi-PODAS 模式通过“三化一体系”的思路进行运行。所谓“三化”即社会化、精

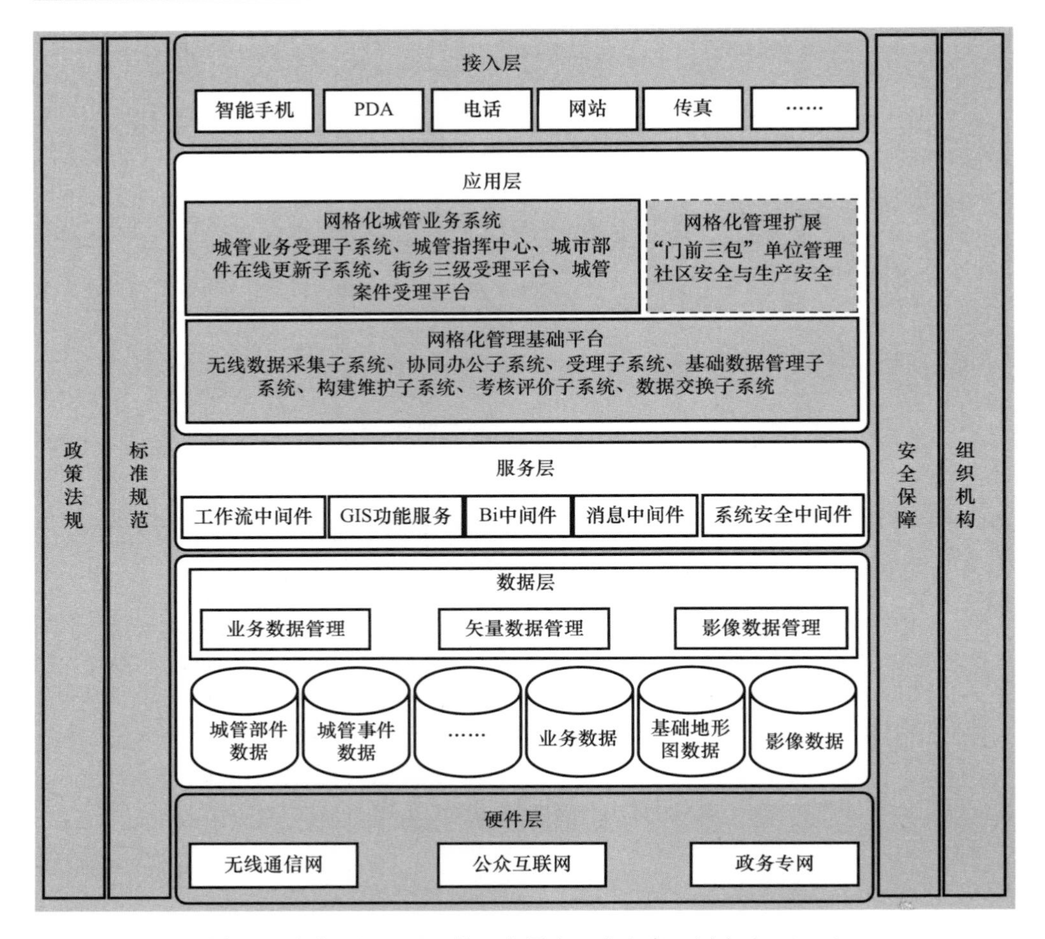

图 3-3　朝阳区 DCMIP 的五大层次（李东泉，刘晓玲，2009）

细化和信息化；“一体系”为诚信评价体系。通过整个系统的社会化、精细化和信息化，实现了“决策——执行——监督”三者分离，保证了城市公共管理的效率和公平；通过城市评价体系的建立，以社会化的手段、方式推动了政府职能的转变，让社会单位履行法定职责到位，促使政府的城市管理归位（李东泉，刘晓玲，2009）。“三化一体系”模式从根本上推进了城市管理的社会化，解决了政府城市管理力量中的欠缺问题（图 3-4）。

在这一思想的影响下，城市管理社会化的脚步稳步推进，将城市管理的被监督主体从传统的政府职能部门以及各街乡逐步拆分，精准地定位到涉及切身利益的各个“门前三包”单位、公共服务企业以及物业公司等社会单位；政府将监督主体的相关责任逐步过渡到社区，监督的相关方式方法从政府内部监督过渡到以社会公众为主体。通过一系列的责任、义务的细分、社会化，重新唤醒了在城市管理中社会本来应当承担的责任。

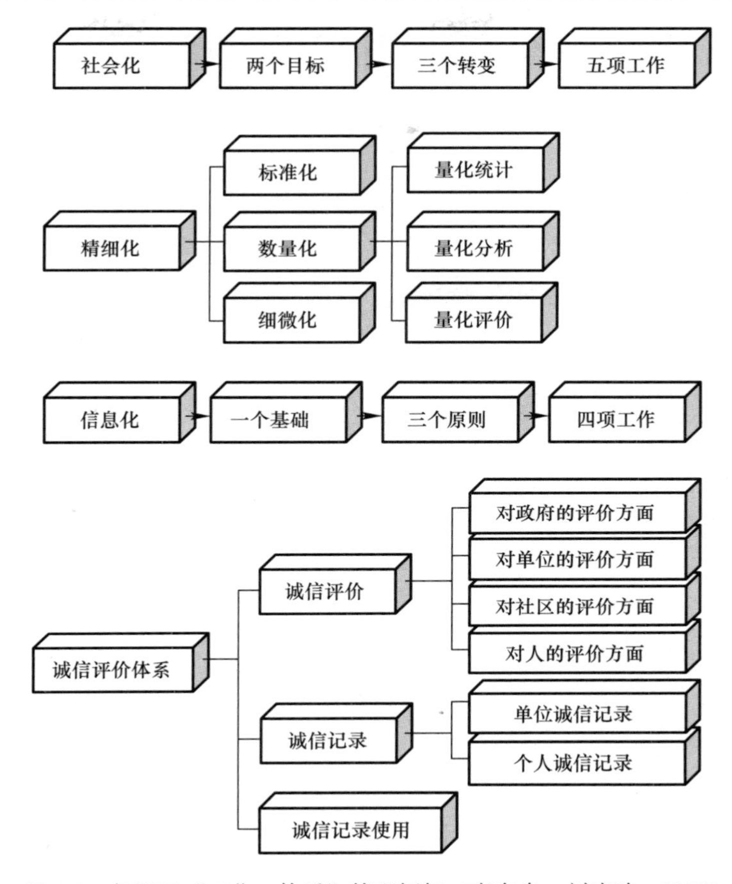

图 3-4　朝阳区“三化一体系”管理框架（李东泉，刘晓玲，2009）

3.3.2　朝阳区数量化社区绿化管理的新思路

朝阳区的数字城市管理 Citi-PODAS 模式使得城市绿化管理走向数字化和精细化成为可能，继而提出了依托数字化和信息化的技术平台进行园林绿化基础数据库的建设和数量化评价的新思路。这一模式以改变以往社区各级组织和责任主体及全体社区居民在社区绿化管理中的被动性，充分调动基层管理者以及社区百姓绿化管理的主观积极性，将“政府管树，市长管树”逐渐转变为“百姓管树”。其关键点在于如何提升社区居民的认同感，从而加强自身对社区绿地的维护意识，建立起良性的竞争机制，以推进新型社区绿化管理模式的实现。在实施过程中，首先要明确管理主体，其管理区域主要分为三个层级，第一层级为朝阳区全区域，管理责任人为区政府各职能部门；第二层级为 23 个街道办事处、20 个地区办事处，管理责任人为各街道办事处和地区办事处；第三层级为 362 个社区和 143 个行政村，其责任人为社区居委会和居民居委会。其次在社区绿化的管理上，也依照这三个层级进行逐一管理。城市管理指挥中心下设城市综合管理委员会，统一调度环保、规划、公安、市政、绿化、环卫、城管等部门，其中与绿化管理关系比较密切的有绿化局、环卫服务中心、规划分局、环保局、建委以及城管监察大队等（李东泉，刘晓玲，2009）。社区绿化管理涉及的层级众多，有行政管理部门，如城市监督管理部门、街道城管队、社区管理部门等；也有社区单位，如物业管理公司、门前三包责任单位、绿化队和各类绿地保洁主体。社区与社区进行协调，无法协调时，街道办事处是社区坚实的后盾。

在社区的层面上，构建数量化社区绿化管理系统需要首先对各个社区的绿化数据进行采集，建立数据库，在此基础上进行客观量化的质量综合评价，通过各社区绿化水平量化的得分进行动态排名，以此在社区之间形成良性竞争机制，激励社区各个层面从自身利益出发，积极投入到绿化建设与管理工作中来，从根本上转变绿化管理的思路，从而推动城市绿化管理的社会化进程，亦提高城市绿化的水平，提升城市景观风貌。

第4章　北京市朝阳区社区绿化数量化管理的指标体系

绿化管理的基础是建立数据库，评价的基础则是评价体系。而数据采集和评价都需要科学的指标体系。社区绿化类型复杂，涵盖范围广，内容多，既包括地域范围之内的用地属性，也包括三位空间的绿量属性；既包括构成绿化核心内容的植物种类，也包括植物搭配形成的景观类型；既包括绿化景观的美观与否，也包括绿化景观的生态效益大小等等。从管理的角度上，则既有客观的绿地本身，也有管理者及使用者对于绿化施加的各种影响，难以一概而论。因此，研究社区绿化数量化管理的指标体系，使其不仅能客观、全面地反映社区绿化的基本情况，还应具有高度的可操作性，成为项目初期重点研究的内容。

4.1　数量化社区绿化管理体系构建的依据

数量化社区管理体系是以促进社区绿化质量提升、引导绿化发展方向为目标展开设计，以目标为导向，通过相应评价指标的筛选，形成适合朝阳区实际情况以及既有管理系统的社区绿化管理体系。以系统性、科学性、可操作性为总体原则，从不同层面、不同表征评价社区绿化的质量和管理水平，构成相互联系的复合指标体系，形成具有内在结构的有机整体。

由于全国尚无针对社区绿化层面的指标评价体系及标准，朝阳区在数量化社区绿化管理体系构建之初，主要以相关法律规定为依据，从而明确相应的导向和底线；具体评价指标参照了风景园林等相关行业的国家、行业和地方规范，主要以定量指标为主，以期制定针对性强、操作性强和可比性强的评价标准。

在我国的《城市绿化条例》以及《城建监察规定》等相关法规中，明确了社区绿地规划和建设的方向、保护和管理的主体以及相关违法、违章行为及罚则（表4-1），其中对于破坏、占用绿地中植物及设施的行为有明令禁止，为朝阳区绿化评价管理明确了底线，特别是其中居住区及城市公共绿地建设以植物景观为主的条款为绿化管理体系提供了重要的参考依据。

2009年11月20日由北京市十三届人民代表大会常务委员会第十四次会议审

国家相关法规中涉及社区绿化管理的内容 **表 4-1**

法规名称	相关法规		
	规划和建设相关条款	保护和管理相关条款	监察相关条款
《城市绿化条例》（1992年6月22日中华人民共和国国务院令第100号发布，根据2011年1月8日《国务院关于废止和修改部分行政法规的决定》修订）	城市绿化工程的设计，应当借鉴国内外先进经验，体现民族风格和地方特色。城市公共绿地和居住区绿地的建设，应当以植物造景为主，选用适合当地自然条件的树木花草，并适当配置泉、石、雕塑等景物	城市的公共绿地、风景林地、防护绿地、行道树及干道绿化带的绿化，由城市人民政府城市绿化行政主管部门管理；各单位管界内的防护绿地的绿化，由该单位按照国家有关规定管理；单位自建的公园和单位附属绿地的绿化，由该单位管理；居住区绿地的绿化，由城市人民政府城市绿化行政主管部门根据实际情况确定的单位管理；城市苗圃、草圃和花圃等，由其经营单位管理。任何单位和个人都不得擅自改变城市绿化规划用地性质或者破坏绿化规划用地的地形、地貌、水体和植被。 任何单位和个人都不得擅自占用城市绿化用地；占用的城市绿化用地，应当限期归还。 任何单位和个人都不得损坏城市树木花草和绿化设施	
《城建监察规定》（中华人民共和国建设部令第20号）			实施城市园林绿化方面的监察。依据《城市绿化条例》及有关法律、法规，对损坏城市绿地、花草、树木、园林绿化设施及乱砍树木等方面的违法、违章行为进行监察

议通过的《北京市城市绿化条例》是另一项制定朝阳区绿化管理指标的重要参考法律文件（表 4-2）。其中第十三条规定，对各项建设工程应当安排一定的绿化用地，对不同绿地所占建设用地面积的比例做出了详细的规定，凡符合规划标准的新建居住区、居住小区（居住人口7000人以上或建设用地面积10hm² 以上），按照不低于30%的比例执行，并按居住区人口人均2m²、居住小区人均1m² 的标

准建设公共绿地，配套建设的商业、服务业等公共设施的绿化用地，与居住区、居住小区的绿化用地统一计算（非配套建筑设施，按有关规定执行）。此外，条例中还明确规定各单位和居住区、居住小区现有绿化用地低于第十三条规定的标准，尚有空地可以绿化的，应当绿化，不得闲置，也为实际的管理工作提供了很好的依据。

《北京市城市绿化条例》中相关绿化指标　　**表 4-2**

建设项目		绿地占建设用地面积比例（%）	人均公共绿地指标（m^2/人）
新建居住区		≥30	2
居住小区			1
宾馆、饭店及体育场馆等大型公共建筑		≥30	
商业区商业、服务业设施		≥20	
城区旧房成片改建区和风貌保护区		≥20	
市区主干道		≥30	
市区次干道		≥20	
三环内建设项目	高等院校	≥35	
三环外建设项目	高等院校、医院	≥45	
	疗养院	≥50	
城区	除前款各项规定外其他建设工程	≥20	
郊区	除前款各项规定外其他建设工程	≥30	

《住房和城乡建设部关于促进城市园林绿化事业健康发展的指导意见》（建城[2012] 166 号）指出，要以科学发展观为指导，将城市园林绿化作为政府公共服务的重要职责，切实加强全过程的控制和管理，推动园林绿化从重数量向量质并举转变，从单一功能向复合功能转变，从重建设向建管并重、管养并重转变，实现城乡绿化面积的拓展、绿地质量的提高和管养水平的提升，促进城市生态、经济、政治、文化和社会协调发展，使城市绿地成为生态文明建设和改善人民群众生活质量的重要内容。这些论述正是朝阳区城市管理监督指挥中心当初拟开展数量化社区绿化管理的初衷。虽是针对城市园林绿化，其中多条内容为社区绿化质量的评定亦有一定的指导意义。从整体布局的层次上看，其提出在积极拓展城市绿量的基础上进一步均衡绿地分布，加强城市中心区、老城区的园林绿化建设和改造提升，同时着眼于居住区，明确强调要完善居住区绿化，要加强对新建居住区绿地指标和质量的审核，并结合居民使用需求，通过增加植物配置和游憩、健身设施，对老旧小区绿化进行提升改造，完善居住区绿地的生态效益和服务功能。这一观点也是朝阳区绿化评价指标过程中的价值导向，针对不同区位、不同立地条件、不同建设时间的社区，通过指标的构建，在大原则下有一定的区别度，引导各社区绿化共同均衡发展；通过评价体系的引导，使得社区居民对绿地

使用的满意度得到提升。

由于社区绿化是城市绿化的有机组成部分，在与之相关的规划、设计、施工以及管理等方面已经有一定的法规和标准；但这些法规、标准并未对“从社区管理的层面上对社区绿地进行管理”进行详细规定，在实践中缺乏可操作性。在朝阳区数量化社区管理的实践中，从构建原则上，应体现整体性、差异性和客观性；从价值导向上，应注重引导现有绿化质量的提升方向，通过突出过程管理，加强对社区绿化改造提升方向的指引性。

4.2 数量化城市绿化评价系统的指标体系

社区绿地是一个复杂的系统，其综合评价涉及因素多，评价过程中常包含诸多不确定性、随机性和模糊性，因此依据评价的目标和依据构建合适的评价指标体系是综合评价的基础。

4.2.1 数量化社区绿化评价体系的框架

2006 年初，朝阳区城市监督管理中心与北京林业大学园林学院合作，从科学性、前瞻性和可操作性强的原则出发，开始研究《朝阳区社区绿化评价标准》。作为数量化社区绿地管理体系的核心，秉持着能够全面地对社区绿化进行系统、客观评价的原则，参考相关规范和依据，最终确定了评价的目标为社区绿化质量，这也就是评价体系的一级指标。二级指标则由绿化指标、景观指标、生态指标、管理指标等 4 个指标构成；在每个二级指标下，综合考虑园林绿化评价的多样性以及社区绿化管理的独特性，构建了三级指标 18 个，以期从不同角度系统、全面地反映社区绿化的质量水平和多种价值（图 4-1）。

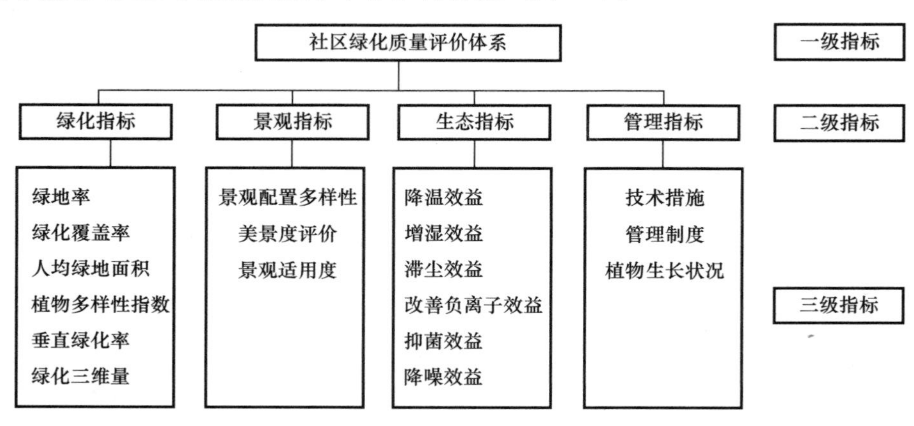

图 4-1　绿化质量评价指标评价体系

在评价指标体系的构建中，以扁平的三级指标体系为评价的具体指标，进而客观全面地反映绿化水平、景观效果、生态效益以及管理水平，完成社区绿化质量评价的终极目标。该评价体系的主要特点在于将各评价指标定量化，以统一的数据口径进行统计和计算；充分预见差异化，考虑到不同时间维度（新建小区、老旧小区）、空间维度（城市中心、城郊）的社区的实际情况，制定普适性的指标，兼顾不同基底条件在评价中的可比性，指导不同类型社区绿化的管理工作，以公平的评价体系促进不同类型社区共同发展。

在这 4 个二级指标中，绿化指标是反映社区土地构成中绿化量的基础指标，景观指标用于反映绿化的美观程度和实用价值，生态指标是对社区绿化所发挥的各项生态效益的考量，管理指标则是评价社区对绿化的管理维护水平。4 个指标相辅相成，从绿化的表象评价，到其所发挥的生态效益，最终落到管理层面，层层递进，缺一不可。

4.2.1.1　绿化指标

绿化指标是指直接反映社区绿化量、层次结构以及多样程度的指标，主要围绕绿地面积和绿化面积的大小及合理性来实现对居住环境绿化质量的评价和考察，其对社区绿化水平的反映最为准确和直接，是绿化评价的基础指标。

考虑全面性与实用性，最终确定了 6 个三级指标，分别是反映绿化面积与社区面积比例的绿地率、宏观衡量社区生态环境的绿化覆盖率、居民平均每人拥有绿化面积的人均纯绿地面积、反映植物群落结构和功能的植物多样性指数、反映垂直绿化面积多少的垂直绿化率以及考量绿化植物所占据空间体积大小的绿化三维量。其中，绿地率、绿化覆盖率和人均绿地面积是城市绿地系统评价中的三大基本指标，植物多样性指数、绿化三维量是园林植物景观规划设计和评价中十分重要的指标，垂直绿化率则是基于鼓励在城市绿地建设中绿化用地紧张从而提倡立体绿化的目标而设。

国家标准《城市居住区规划设计规范》（GB 50180—93）规定，居住区新区建设的绿地率不应低于 30%、旧区改建不宜低于 25%，然而各社区为满足绿地率的要求，又衍生新的问题。许多社区一味追求增大绿化面积，如将道路、停车场用地压到最低指标等，而忽视了植物配置的景观效果和合理性以及居民的使用需求。因此，社区的绿化评价将绿地率与绿化三维量、物种多样性等结合，以期得到更为客观的评价。

4.2.1.2　景观指标

以植物为基础形成绿化景观是风景园林景观规划设计的基础内容之一，绿化景观既有艺术属性，同时也需要符合居民的使用要求；既要景观效果好，同时又要适用。绿化景观的基础是多样的植物配置方式。社区绿化的景观效果评价，需考虑直接关系到社区整体的美观程度和居民对居住空间的满意度，我们最终选用了配置类型多样性、美景度评价、景观适用度 3 个指标来进行景观指标的评价。

配置类型多样性是在符合植物生态习性的前提下，对不同空间场所应用不同类型、高度、体量、质感的植物进行合理的搭配，充分利用植物独有特色营造既有统一又有变化、既有节奏感又有韵律感、既有相对稳定性又有生命力的生活空间，形成如乔木-草本型、灌木-草本型、乔木-灌木-草本型、乔木-灌木型、藤本型等搭配类型，并因地制宜根据不同居住区绿地服务对象的需求进行植物配置。美景度评价（scenic beauty estimation，简称 SBE）是景观评价中最有效的方法之一，被广泛应用。通过不同群体对景观照片进行等级评分的方法来反映景观优美的程度，这一方法使得园林景观美学特征得以量化评价。在美观的同时，景观适用度从实用性和合理性方面考量了社区绿化服务于居民的优劣情况，进而反映居民对社区绿化的满意度。

4.2.1.3 生态指标

生态指标反映的是社区绿化可以实现的改善人居环境相关生态效益的内容，是体系的重要构成部分。在城市化进程导致生态环境被严重破坏的今天，人们更加关注绿化对于生态系统的恢复以及对环境的改善和调节作用，因此，对生态指标的考核十分必要并且其已成为居民最为关注的反映社区绿化质量水平的指标之一。

综合考虑社区绿化可带来的与居民日常生产生活关系密切且百姓关注的生态效益，我们最终选取了 6 个三级指标，即降温效益、增湿效益、滞尘效益、改善负离子效益、抑菌效益、降噪效益，以此为基础进行社区综合生态效益的评价。这 6 项指标均与社区居民的人居环境有极为密切且直接的关系，是环境质量评价工作中反映时下热点环境问题和民生所向的主要指标方向。

降温效益是园林植物通过蒸腾作用而消耗城市中的辐射热，以及通过树木枝叶形成的浓荫阻挡太阳的直接辐射热和来自路面、墙面和相邻物体的反射热，从而产生降低周围环境空气温度的效益，其对社区内部的温度具有显著的调节作用。空气相对湿度同样是反映环境小气候与舒适度的一个重要指标，园林植物冠层通过叶片蒸腾蒸散向环境释放水分，从而增加空气相对湿度，改善社区小气候并可缓解城市热岛与干岛，实现绿化的增湿效益；园林植物作为“天然过滤机”具有滞尘效益，可为社区营造一个清洁的环境，其可以通过降低近地面流场风速，以滞留、附着和黏附等途径使空气中弥漫的颗粒物发生沉积，显著减少空气中不同粒径颗粒物的含量，从而提高空气清洁度（柴一新等，2002）。此外，绿色植物通过光合作用形成的光电效应，促进空气电离而产生负离子，还使绿化具有改善空气负离子的效益，而负离子具有杀菌、降尘、清洁空气、提高人体免疫力、调节机能平衡多种功效。空气中的微生物含量也是检验空气是否健康清洁的一个重要因子，园林植物不仅可以通过滞尘作用减少附着于尘埃或悬浮于大气中的细菌数量，而且可以通过一些林木分泌的挥发性杀菌物质（如丁香酚、松脂、肉桂油等）和改变周边环境条件来实现杀菌、抑菌作用（Gao，2005），此外植物内部的氨基酸、生物碱也可能具有抗菌、杀菌活性。因此，绿化的抑菌效益也是对环境空气质量改善有积极的促进作用，可以作为衡量人居环境质量水平的一个重要指标。不仅如此，绿化还具有降噪效益。园林植物通过反射和吸收树体表面的粘热性边界层的声能量，从而对声波起到衰减作用，同时通过植物群落内部的树枝或茎干的阻尼声驱动振荡衰减声波能量（Fricke，1984）。除植物本身的降噪因素以外，园林绿地对城市噪声的减弱效益是植物茎干、枝叶与土壤、地形、大气等多种因素综合作用的结果，因此能有效促进周边环境的噪声衰减。环境噪声常常严重干扰和影响社区居民的生活工作，评价社区绿化的降噪效益对于营造一个良好的社区声环境十分有必要。

4.2.1.4　管理指标

社区绿化质量需要靠完善的管理制度和专业的技术措施作为保障，在有效的管理制度和技术措施的保障下，绿化的管理水平最终通过植物的生长状况即株高、冠幅、胸径以及生长势等来体现，植物生长状况可以说是技术措施和管理制度的间接反映，并直接关系到绿化景观功能和生态效益的发挥。

社区绿地的绿化效果和功能的体现不仅取决于合理的设计和良好的施工，后期的养护管理更为重要，是绿化功能得到持续发挥的前提条件。许多城市社区由于缺乏专业人员养护，导致绿地草坪退化严重、杂草丛生、病虫害防治不及时、修剪不到位等问题，造成植物生长不良，大大降低了绿化应当发挥的美化和改善环境的作用。因此，将管理指标纳入评价体系，将促进社区管理层对绿化的重视，并有利于提高居民的爱绿护绿意识。

4.2.2　朝阳区社区绿化质量评价指标

在上述评价框架构建的基础上，依据朝阳区既有城市管理数据平台的特点及实施的进程，本着实用性、可操作性的原则，自 2006 年启动了第一阶段以绿化指标为核心的评价。社区绿化指标评价是一个基于绿化基础数据的量化客观评价，其中绿化指标是直接反映绿化水平和质量的指标，是生态指标、景观指标评价的基础。绿化指标涉及的概念和内容较多，从宏观和微观层面对社区整体绿地质量都有很好的控制力。参照相关国家规范和标准，结合朝阳区社区绿地的类型以及实际情况，尤其是结合本项目的目标，进行反复的比较和研究，确定纯绿地率、纯绿化覆盖率、人均纯绿地面积、植物多样性、垂直绿化率、绿化三维量、植物生长状况等指标用于朝阳区社区绿化数量化评价。

同时，考虑到在基础数据普查时，对植物的生长状况可以同时采集，而且该指标也是绿化效果得以实现的最重要指标，同时，这一反映社区管理水平的客观而直接的指标的评价，可以反向促进社区管理水平的提升，因此，将该指标同步纳入。据此，形成了以 8 个三级指标为基础的社区绿化数量化评价。

4.2.2.1 纯绿地率

在城市绿化规划中，绿地率是指城市建成区内各绿化用地总面积占城市建成区总面积的比例。在先期的建设阶段，绿地率具有较大的指导意义（邓小军，王洪刚，2002），并为城市绿地系统规划提供了一个重要的硬性指标。在城市居住区规划设计中，又产生了居住区绿地率的概念，是指居住区内公共绿地、宅旁绿地、公共服务设施所属绿地和道路绿地四类绿地面积的总和和占据社区用地（由住宅建筑用地、公共建筑用地、道路交通用地、公共绿地组成）总面积的比率（GB 50180—93），但不包括屋顶、天台和垂直绿化。该指标与土地利用有关，也是衡量环境绿化的最重要的指标。《城市居住区规划设计规范》中要求：新区建设绿地率不应低于30%，旧区改造不宜低于25%。北京市地方标准《居住区绿地设计规范》（DB 11/T 214—2003）中关于绿地率的规定与国家标准相同。由于社区一般以居住区为核心，因此可参考相关居住区绿地率的概念和指标。在居住区中，绿地率能够直观而清晰地反映场地的平面绿化状况，作为居住区的技术经济指标比较重要。绿地率更贴切居住区居民的生活，能够比较准确地反映出社区中可供居民活动、休憩的场所的大小（图 4-2）。

图 4-2 绿地率相关指标的评价贴切居住区居民的生活

在居住区绿地率的计算中，所涉及的绿地类型较多，同时在计算时规则也比较复杂，如要求距建筑外墙 1.5m 和道路边线 1m 以内的用地，不得计入绿化用地；地面绿化、悬空建筑、水体、屋顶绿化以及草坪砖绿化等依据其绿化条件的不同有着复杂的绿地率折算系数体系。这些专业化的数据采集和统计口径在实际社区管理中推行困难，测量相关绿地面积数据以及后期计算存在很大的争议性，其评价结果也可能与社区居民的认知有一定的差距，不利于调动居民积极性。因此在朝阳区数量化绿化评价中，在“绿地率”概念的基础上提出“纯绿地率”这一指标来进行社区绿化质量评价。“纯绿地率”即社区中所见到的所有绿地面积（只要栽植有植物，以其种植边界作为绿地的实际范围，不涉及红线退让、覆土深度的问题，亦不区分绿地类型）占该社区总面积的比例。纯绿地率是基于绿地率衍生的一个概念，其将复杂的绿地类型和计算方法进行简化，保证了数据来源的准确性以及社区管理层面的可操作性；同时也能从一个侧面客观反映出社区绿化总面积与用地面积的比例特征。

4.2.2.2　纯绿化覆盖率

城市绿化覆盖率是指城市绿化覆盖面积占城市面积的比率，是反映一个城市绿化水平的主要指标。绿化覆盖率有宏观衡量的特性，只有在绿化覆盖率达到一定值的时候，才能使区域的生态环境有所改善。居住区绿化覆盖率指绿化垂直投影面积之和与居住区用地的比率，绿化覆盖率的概念与绿地率的不同之处在于它仅强调规划树木成材后树冠覆盖下的用地面积，而不管其占地面积的实际用途，而所占用地与使用性质还往往不一致（GB 50180—93）。这个指标比较宽松，屋顶绿化等装饰性绿化地也可以包括在内，但是垂直绿化、阳台绿化及室内绿化不纳入评价。根据北京市居住区绿地覆盖率的相关研究，一般居住区组团的绿化覆盖率都应大于 50%。在衡量一个社区的绿化时候，绿化覆盖率在宏观的生态学方面更为重要（图 4-3）。

图 4-3　绿化覆盖率在宏观的社区生态环境提升方面显得更为重要

在进行社区绿化评价时，借鉴城市绿化覆盖率和居住区绿化覆盖率，本评价提出纯绿化覆盖率这一概念，旨在从社区管理的实际状况和数据采集的实际情况出发，更为高效、准确地进行绿化指标的评价。纯绿化覆盖率即社区种植区域面积、种植区域外植物垂直投影面积、屋顶绿化面积之和与社区总面积的比例。在实际采集数据时既包括社区用地上栽植的所有乔灌的垂直投影面积，也包括花卉、草皮等地被植物的覆盖面积。种植区域面积、种植区域外植物投影面积、屋顶绿化面积的数据直接从实际测绘的图纸上提取，确保精确。绿化覆盖率指标与绿地率进行相互参照和补充，通过不同指标的交叉性和联系性，使得评价体系的整体性更强，导向性更明确。

4.2.2.3　人均纯绿地面积

在城市绿化规划建设指标中规定，人均公共绿地面积是指城市中每个居民平均占有公共绿地的面积。在城市绿地的评价中，绿地率、绿化覆盖率以及人均公共绿地面积是三大基本指标。人均公共绿地面积能够直观地反映出城市常住人口拥有的公园绿地的面积，人居指标的提升一直是我国城市绿化水平的努力方向。在居住区建设中，居住区内人均公共绿地面积也是反映居住区绿化水平的一个重要指标。居住区公共绿地的定义为：满足规定的日照要求、适合于安排游憩活动设施的、供居民共享的游憩绿地，应包括居住区公园、小游园和组团绿地及其他块状带状绿地等（GB 50180—93）。居住区公共绿地包括公共花园、儿童游戏场、道路交叉口绿地、广场花坛等以花园形式布置的绿地（图 4-4）。居住小区公共绿地面积为小区中心游园面积与居住生活单元组团绿地面积之和（杨赉丽，1995）。

我国《城市规划定额指标暂行规定》中规定，居住区公共绿地定额指标平均每个居民为 2～4m^2。其中居住区级公共绿地 1～2m^2/人，居住小区级公共绿地为 1～2m^2/人。《城市居住区规划设计规范》规定，居住区内公共绿地的总指标，应根据居住人口规模分别达到：居住区（含小区与组团）不少于 1.5m^2/人，小区（含组团）不少于 1m^2/人、组团不少于 0.5m^2/人，旧区改建可酌情降低，但不得低于相应指标的 70%。根据北京的地方规定，在保证新居住小区绿地率不得低于 30%，旧居住小区不低于 25%的基础上，且要保证居住区内人均绿地面积达到 2m^2，居住小区人均 1m^2 的规模。

图 4-4　百子湾东社区公共绿地

在社区绿化评价中，从指标构成的系统性上，人均绿地指标是一个必须指标。同时，整个朝阳区数量化社区管理评价体系的构建目标就是要充分调动社区居民对于绿化管理的自觉性和参与性，人均指标在其中是一个可以提升居民参与感的量化指标。参照居住区人均公共绿地的指标标准和实际采集数据的情况，秉持着提高数据采集的准确性、避免争议性的原则，本评价体系采用了人均纯绿地面积这一指标，即社区每个居民占有的纯绿化面积，亦即采用上文计量纯绿地率时所采集的绿化种植的总面积来计算社区居民人均绿地面积这一量化指标，以期反映社区绿化水平并增强居民的可参与性。

4.2.2.4　植物多样性

植物多样性是指地球上的植物及其与其他生物、环境所形成的所有形式、层次、组合的多样化。通常从以下 3 个方面理解，即植物的物种多样性、遗传多样性和生态环境多样性。植物多样性不仅与整个自然界的生物多样性相关，也与人类的生产、生活有着直接或间接的联系，直接影响着人们的生活质量。在生态学研究中，为量化生物的多样性，许多学者提出了不同的生物多样性指数计算方法，这些生物多样性指数同时也广泛地应用到了植物群落研究和评价中。比较常用的有物种频度（frequentness）、物种丰富度（species richness）、香浓多样性指数（Shannon's diversity index）、物种均匀度（species evenness）、辛普森多样性指数（simpson's diversity index）等等，实现了通过统计学方法来表征群落多样性的高低及物种构成的均匀程度。植物多样性指数反映了植物群落结构和功能复杂性以及组织化水平，能比较系统和清晰地表现各群落的一些生态特性（张庆费，夏檑，2000）。

城市化进程已对生物多样性造成了严重的威胁，要使城市生态园林稳定、协调发展，维持城市生态平衡，就必须实现城市园林的植物多样性。因此，植物多样性应该成为衡量城市生态园林完善与稳定的重要指标。园林植物物种的多样性不仅能提高园林绿化景观效果，还能有效保持生态平衡，形成互补。城市发展所产生的生态问题已经得到许多人的认可和重视，城市生态建设的主要任务就是从长远看，利用和保护植物生态多样性正是保护生态平衡的最佳方法。2011 年北京市园林绿化局发布了全市植物种质资源调查报告，北京地区现有野生维管束植物 140 科 654 属 1790 种。其中，野生资源植物共有 12 大类 712 种、园林应用植物共有 113 科 407 属 803 种、湿地维管束植物共有 85 科 301 属 565 种、累计引进木本植物 84 科 226 属 497 种，比《北京植物志》（1992 年）记录的增加了 206 种，其中 10 种为本次调查发现（国家林业局，2011）。如此繁多的植物资源为园林绿地植物多样性的提高和保护提供了可能，然而目前大部分的社区绿化中植物种类略显单调，没有充分考虑多类型的组合和群落结构的营建。植物多样性这一指标的纳入也正是旨在促进社区绿化向多种多样的方向发展。

在实际评价中，由于各项指标的计算数据统计口径不一，计算复杂程度不同，本着以直观反映实际绿化情况、计算相对简单为原则，本评价体系选择物种丰富度指数 S 和物种频度 f 作为社区植物多样性的评价指标。物种丰富度指数 S 即物种的数目，是最简单、最古老的物种多样性测度方法，其利用单位面积的物种数目，即物种密度（Hurlbert，1971）来测度物种的丰富度，此种方法多用于植物多样性的研究。一般采用每平方米的物种数目来表示（Magurran，1988）。植物频度是指某种植物在朝阳区不同社区绿化中出现的频率，是该植物在社区绿化中重要程度的体现。

$$物种丰富度指数\ S = 出现在样地中的物种数 \tag{4-1}$$

$$物种频度\ f = 具有该物种的社区数量 / 社区总数量 \tag{4-2}$$

在进行社区植物多样性评价时，应对社区内乔木层、灌木层及宿根花卉进行群落学调查，调查植物种类丰富度（谢应中，1998），以物种数和样地面积作为两个控制指标。各个社区的植物多样性指标的差异与该小区的绿化种植结构、养护水平有关。在本次评价中，植物的物种数和社区面积的数据均由图纸直接提取，确保数据的准确。

4.2.2.5 垂直绿化率

随着城市化进程加快，城市人口剧增，一方面导致城市绿地率下降，另一方面高层建筑建设量不断增加，城市容积率不断提高，极大地降低了人均占有的地面绿化的面积。垂直绿化是在立体空间进行绿化的一种方法，即充分利用墙、檐、杆、栏等栽植藤本植物，以起到绿化、美化及防护的作用。垂直绿化可有效增加绿化面积，对建筑起到隔热、降温等作用，通过滞尘、固碳释氧等改善空气质量，对改善社区环境和恢复生态平衡具有重要意义（图 4-5）。

图 4-5　朝阳区莲葩园社区垂直绿化现状

目前各项规范和标准尚未对垂直绿化率进行明确的定义，在《城市园林绿化评价标准》（GB/T 50563—2010）中，垂直绿化处于推广阶段，尚未给出其具体的指标标准，仅提出三条评价要求，即应制定立体绿化推广的鼓励措施和技术措施、应制定绿化推广实施方案、应执行立体绿化实施方案且效果明显。可见，垂直绿化的评价在园林绿化评价中刚刚起步。

提升社区的垂直绿化是朝阳区绿化质量提升的一个重要突破口。由于对于垂直绿化的重视程度不够以及前人研究较少，在社区绿化评价中，无相关规范和前人经验可以参考。且由于不同社区有着不同的性质，故而可供垂直绿化的面积也不尽相同。在此次评价中，参考绿地率、绿地覆盖率的相关计算方法，提出垂直绿化率这一概念，即社区垂直绿化面积占社区总面积的比例。可以说在朝阳区的社区绿化评价中，纳入对垂直绿化的评价是一个开创性的举动，通过以社区垂直绿化的面积和社区面积作为两个控制指标，进而实现了对社区垂直绿化的评价，进一步促进更多、更为丰富的垂直绿化形式的应用。

4.2.2.6　绿化三维量（单位面积绿化三维量和人均绿化三维量）

“绿量”是单位面积上绿色植物的总量，又称三维绿色生物量，是指生长中的植物茎、叶所占空间面积的多少，其实质指植物的“叶量”，单位为 kg/m^2 或 t/hm^2。植物的叶面积是植物产生环境效益的主体，绿色植物产生的一系列环境效益主要来源于植物的光合作用和呼吸作用，这两种生理过程通过绿色叶表面与阳光和周围环境产生交流和作用完成，因此估算植物的环境效益值，以绿量为标准是可行的。绿地绿量与绿地生态功能水平有一定的对应性，能较准确地反映植物构成的合理性和生态效应水平。绿量目前多用于较为精确地衡量城市的绿化水平，其主要优势在于绿量能够区分不同的绿地所带来的不同生态价值（乔、灌、草单独绿化或组合绿化的生态价值不同）。

生态园林不仅包含了园林绿化的美化作用，其更重要意义在于充分利用植物的释放 O_2、吸收 CO_2、降温增湿、滞尘、杀菌、抗污、降噪等生态功能来参与和改善城市的物质代谢和能量循环，发挥城市绿地作为绿色基础设施所具有的改善城市环境的功能。绿地率、绿化覆盖率、人均绿地面积等绿化指标，是以二维面积为绿地的评价标准，这些指标可统称为二维绿化指标。这些指标在指导城市绿地规划及落实国家绿化方针政策、衡量一个地区绿化的基本状况方面发挥了重要作用。然而，这些指标在评价不同植物种类、不同绿化结构的绿地功能水平时，特别在系统统计分析园林绿化的生态效益时，二维绿化值很难对其进行准确的测算。尤其是前些年，我国绿化中曾经片面追求大草坪的绿化方式，造成二维绿化指标虽然很高，但是其生态效益却很低，更不用谈其实用功能。强调园林绿化应以植物造景为主，鼓励复层搭配，根本目的是增加植物种类、丰富结构层次，增加绿量，从而更好实现绿地的功能并给人美的享受，充分发挥植物的景观效益。“绿量”概念克服了二维绿化指标的不足，针对不同植物种类、不同绿地结构间存在的功能差异，提出了以植物所占据的绿色空间体积作为评价标准，使绿化评价指标由二维向三维迈出了一步。

在本社区绿化的评价中，前述各项指标均未能完全客观真实地反映出草地上的乔木以及生长年限比较长的乔木的价值，因而会造成评价系统目标性、导向性的偏差。此外，在对朝阳区试点社区的实地踏查和后期数据分析中发现，建成年代较为久远的社区，其绿化面积较小，后期绿化面积扩展上也有难度，但是植物（尤其是乔木）生长时间长，规格大、长势好；而新建小区虽普遍绿化面积较大，但是苗木规格小、长势与老社区有较大差距。以绿地率、绿化覆盖率以及人均绿地面积等绿化指标进行评价，新建社区存在很大的先天优势，会极大地降低老社区在绿化管理及质量提升上的积极性。因此，在构建评价系统时，需要设计一个能够客观地评价社区绿化结构的指标，平衡新旧社区评估的实际差异。由于“绿量”指标的获取通常多应用卫星遥感技术，数据采集和计算十分复杂；但其中的植物绿色三维体积是一个重要参数，与绿量有一定的正相关性，且数据采集与朝阳区的管理平台构建的方式较为吻合。因此，朝阳区数量化社区绿化管理系统构建中选取绿化三维量（简称三维量）作为绿量评价的指标。绿化三维量即绿色植物茎叶所占据的空间体积，相对于绿化平面指标（如绿地率、绿化覆盖率等）而言，三维量指标能更好地反映社区绿化在空间结构方面的差异，因而可更全面、准确地分析社区绿化层次结构的特点，较为准确地反映出社区中骨干树种的价值。以绿化三维量作为绿量定量评价的指标，将社区管理者及居民对于绿化的认知从二维面积引向三维空间、由绿化覆盖率引向绿色空间占有量，进一步提高其对植物功能的认识。

由于单独的三维量多寡没有可比较的参考体系，因此在评价时我们结合了社区面积和社区人口，从而使得指标在不同社区间更具横向比较的可能性，充分留出了不同社区进步的空间以及明确了后期管理提升的方向。

4.2.2.7 植物生长状况

如前所述，由于社区绿地的管理涉及的利益主体较为复杂，不利于评价的量化，而植物生长状况是管理结果的直接体现，对社区绿化中不同类型的植物生长状况进行客观评价，可较为全面地反映社区绿地的实际养护水平。因此本评价将植物生长状况作为各社区管理水平的考察内容。关于树木健康及安全性评价系统的研究虽然有见报道，但考虑社区园林植物的特殊性，可将植物生长状况分为两个方面的内容。一是植物作为具有生命力的活体所反映出来的形态和生长特征，包括树龄、树高、胸径、冠幅、分支点、新梢生长的长度、生长势等信息；二是园林植物为满足人们审美和观赏需要而体现出来的外在特征，如修剪情况、整齐度、覆盖度、株型、色泽等信息。植物的生长状况不仅是社区绿化管理结果的体现，也极大地影响着绿化生态效益的发挥。植物生长情况良好，则生理过程正常，枝繁叶茂，增加了绿地的生物量，最大程度上发挥其所具有的生态效益和景观效益，这将激励社区居民爱绿护绿的自主性，进而自发地成为社区绿地的管理者和监督者。

在本评价体系中，按照朝阳区社区绿化的实际植物类型构成，从乔木、灌木、攀缘植物、地被植物、竹类分类别进行了生长情况的评价，以反映各社区管理水平。乔木的评价层次选取了树冠、分枝点、内膛以及叶片情况几个方面；灌木主要评价株型、修剪、枝叶及造型情况；攀缘植物主要评价株型、修剪以及枝叶情况三方面；地被植物以草本和低矮灌木为主，主要评价其整齐度、覆盖度、色泽以及长势情况；竹类是相对比较独特的植物类型，其评价指标涉及株型、枝叶以及长势等方面。不同类型植物区别评价。

初步确定社区绿化评价的指标后，研究团队选取了部分社区对植物的生长状况做了细致全面的预踏查，针对种类不同的植物，采用不同的评价细节，对每棵植物的生长状况进行细致评价，并通过相关计算方法折算为不同的分数，从而获得整个社区的管理水平得分。以此标准进行基础数据的收集，使得数据库中每一棵树都具有完整、真实的信息。

4.3　数量化社区绿化评价的指标权重

指标权重是指某被测对象各个考察指标在整体中价值的高低和相对重要的程度以及所占比例大小的量化值。按统计学原理，将某事物所含各个指标权重之和视为 1（即 100%），而其中每个指标的权重则用小数表示，称为“权重系数”。任何一个评价体系的指标权重的设置，都清晰地体现了其目标性和价值性，是指标体系构建的重要环节。

朝阳区数量化社区评价系统的指标权重确定采用了德尔斐（Delphi）专家调查法以及 AHP 层次分析法。前者是美国兰德公司发明的一种通信式调查方法。这种方法使用专家背对背地发表意见，以听取各方面专家的意见。在体系权重指标第一轮调查时，向专家说明调查意图，请专家广泛地发表自己的意见；第二轮调查时，把第一轮调查的结果整理列表，请专家修改和补充；第三轮调查时，对第二轮结果整理列表，请专家提出优缺点。每次调查结果用层次分析法进行计算整理。层次分析法（analytic hierarchy process，简称 AHP)，是美国运筹学家萨蒂（T. L. Saaty）20 世纪 70 年代提出的一种定性与定量相结合的多因素决策分析方法，其优点是可将专家的经验判断进行量化。用层次分析法作系统分析，首先要把问题层次化，根据问题的性质和要达到的总目标，将问题分解为不同的组成因素，并按照因素间的关联影响和隶属关系，将因子按不同形式组合，形成一个多层次的分析结构模型，最终将系统分析归结为最低层次相对于最高层次的相对权重值的确定和优劣次序的排序问题。层次分析法一般分为五个步骤：

（1）建立层次结构模型；

（2）构造判断矩阵；

（3）层次单排序及其一致性检验；

（4）层次总排序；

（5）层次总排序的一致性检验。

本评价指标权重的确定使用德尔斐专家调查法和层次分析法，以建立和完善社区绿化生态性评价的指标体系。分 5 次向若干位专家发出调查问卷，每次都全部回收。前 4 次是建立系统递阶层次和遴选指标，后 1 次是确定各指标的权重。通过对每个咨询样本进行权重排序和一致性检验后，计算各指标的权重，最后综合各专家的意见，确定各指标的权重，完成指标体系的构建（表4-3）。

完成的评价体系中，绿化指标和管理指标的整体权重是一致的，体现了整个指标体系对于现状和保护、管理的同等重视。在绿化指标中，纯绿地率作为基础指标，其权重最为重要（0.2），纯绿化覆盖率、人均纯绿化面积、单位面积绿化三维量、人均绿化三维量以及植物多样性从结构、数量、物种等不同层次控制了社区绿化的方方面面；垂直绿化率作为附加性指标，体现了整个评价方案的导向。

朝阳区社区绿化评价权重指标方案 **表4-3**

权重指标			
绿化指标	1	纯绿化率	0.2
		纯绿化覆盖率	0.15
		人均纯绿化面积	0.15
		单位面积绿化三维量	0.15
		人均绿化三维量	0.15
		垂直绿化率	0.05
		植物多样性	0.15
管理指标	1	植物生长状况	1

由于城市社区绿化是城市绿化的一部分，在与之相关的规划、设计、施工以及管理等方面已经有一定的法规和标准，但这些法规、标准在社区管理的层面上针对社区绿地管理并未有详细规定，在实践中缺乏可操作性。在朝阳区数量化社区管理的实践中，从构建原则上体现整体性、差异性和客观性；从价值导向上，注重引导现有绿化质量的提升的方向，通过突出过程管理，关注对社区绿化改造提升方向的指引性。

第 5 章　北京市朝阳区社区绿化数量化评价的系统构建、数据采集及评价方法

朝阳区于 2006 年 5 月在全区范围内实现了网络化管理全覆盖，采用“万米单元网格管理法”和“城市部件管理法”相结合的方式，实现了城市管理的信息化、标准化、精细化和动态化。其严格依照《城市市政综合监管信息系统单元网格划分与编码规则》（CJ/T 213—2005），对城市 23 个街道办事处、20 个地区办事处管辖区进行了万米单元网格划分（图 5-1），依照属地管理、管理对象完整性、管理方便性、自然地理布局、城市部件完整性、无缝拼接等原则，对未建空地、改造和待拆迁地区、在建工地，依据情况单独划分一个网格，兼顾各街道的行政规划边界，总共划分技术网格 7629 个。绿化数据的采集也以此为基础。

5.1　社区绿化数量化评价系统构建

为了使整个数量化评价系统良好运转，在整个评价系统的构建上，主要涉及基础数据采集平台、数据处理及换算平台以及评价结果的发布几个层面（图 5-2）。在绿化的基础数据中，按照评价标准中的相关采集规范说明，社区行政范围、社区人口、建筑、道路信息等基础数据从已有数据库中调用，绿化植物分乔木、灌木、草地、宿根花卉、竹类以及立体绿化等图层采集各项绿化数据指标，通过评价标准、公式、系统的换算，得出相应的各项绿化指标数值，作为基础数据；以基础数据为依据，按照相应计算方法和评价标准，换算成得分和评价等级，并以得分对社区进行排序。最后，各社区所有绿化的各项基础指标、质量评分、质量等级及在全区的排序等数据均通过网络发布，界面分为绿化首页、评价排名和绿化信息三大板块，浏览者可自由选择参数进行社区名次排列以及查阅社区绿化详细资料。网络数据库对政府、公众、研究部门公开。

朝阳区“数字城管”系统建立在首都宽带多媒体基础设施平台之上，通过整合城管多项职能包含的基础数据，充分利用“数字地球”理论，基于 3S（地理信息系统 GIS、全球定位系统 GPS、遥感系统 RS）等关键技术，建立城管电子政务系统、城管办公自动化系统、城管社会监督举报系统、城管综合信息发布系统、城管可视化监控指挥系统、城管移动指挥系统、城管业务基础数据查询系统，以此彻底改变基础管理落后、数据查询困难、人力不足等问题，形成高效、

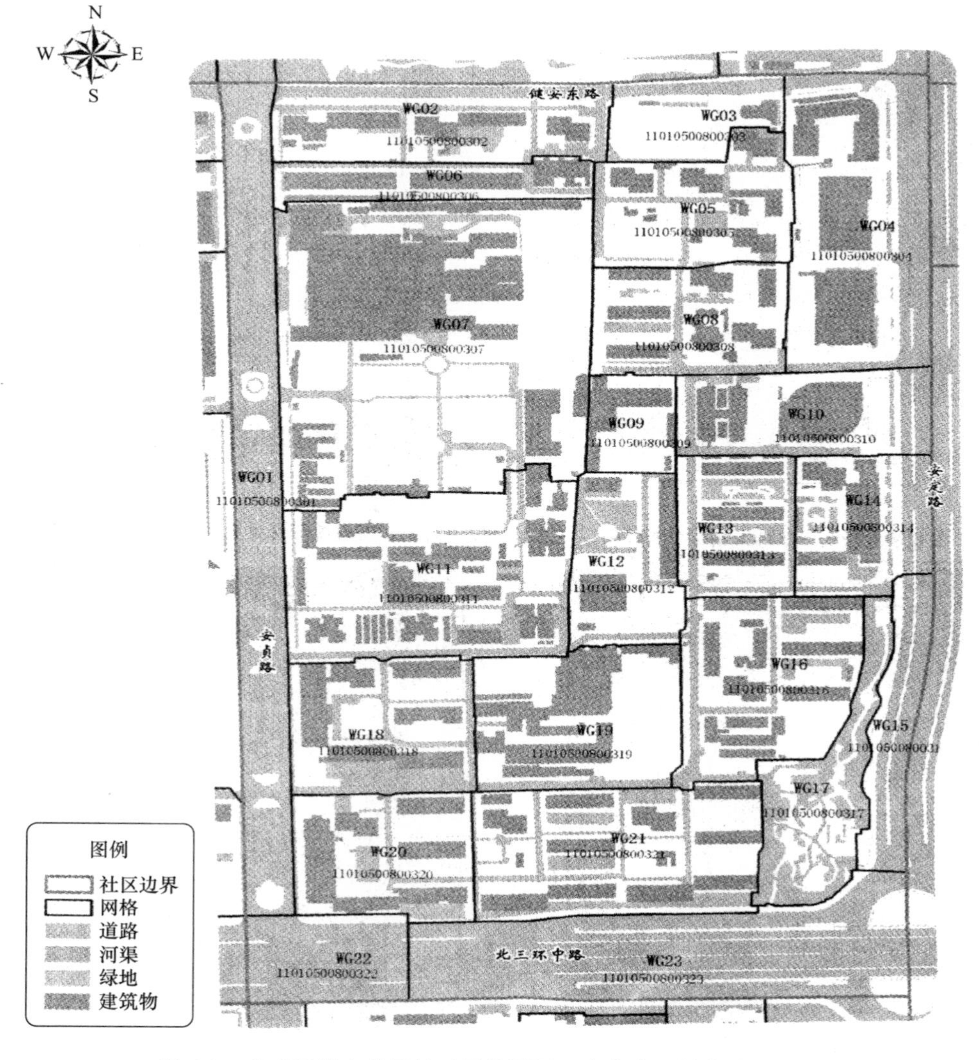

图 5-1 安贞街道安贞里社区网格图层（李东泉，刘晓玲，2009）

快速、立体交叉式的多层级信息管理体系。社区绿化管理系统是“数字城管”的新管理模块，是数量化、精细化管理理念的进一步体现。本评价系统较为精确地收集了海量的城市绿化数据，在绿化质量评价方面体现了“朝阳特色”，实现了大范围的城市绿化信息采集分析；所构建指标体系合理，能全面直观地反映社区绿化水平。对各个社区的绿化状况的系统分析，为社区和街道如何提高绿化建设维护管理水平提供了客观的依据。以朝阳区社区绿化评价体系为数据处理依据，各社区绿化基础信息及评价数据平台系统采用 j2ee 技术，使用 oracle9i 数据库，地图由 Arc IMS 发布，实现更大层面的数据共享。

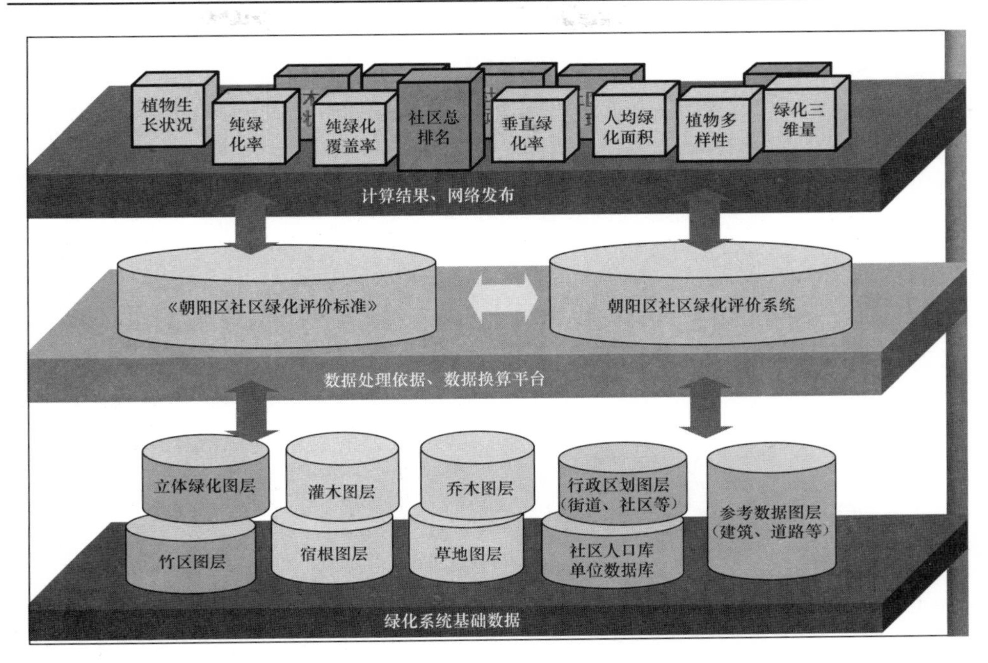

图 5-2　朝阳区社区绿化质量评价系统构建

5.2　社区绿化数量化评价数据采集

绿化数据是城市管理部件中的一类，朝阳区数字化管理系统中的既有底图信息、相关网格单元及其他城市部件信息为海量的社区绿化基础数据的采集提供了基础，保障了绿化相关数据采集的标准性和统一性。在进行社区绿化基础数据采集时，严格依照《城市市政综合监管信息系统单元网格划分与编码规则》（CJ/T 213—2005）采集构建绿化部件信息，建立社区绿化图层。社区绿化图层中，对每一棵植物的定植位置精确到点并详细记录植物的株高、冠幅、胸径、生长状况等资料，逐棵照片记录，为区内每一棵乔木、灌木、宿根花卉、草地、竹类等分别建立电子档案；在明确各个社区已有的乔木、灌木、草本以及花卉的种类、数量、位置和面积等基本信息的基础功能之上，分层显示以便社区核对监管。同时，还在图层上明确了产权单位、产权单位联系人及联系方式，责任单位名称及其联系人、联系方式，使得管理监督能够落实到人。同时在绿地保洁图层上，对辖区内每块有闭合边界的绿地进行编号，明确该绿地的保洁责任主体，便于后期精细化的监管（图 5-3、图 5-4）。这样便可系统全面而细致反映朝阳区各社区的绿化现状，并通过精确的责任划分，保障整个管理体系的运行。

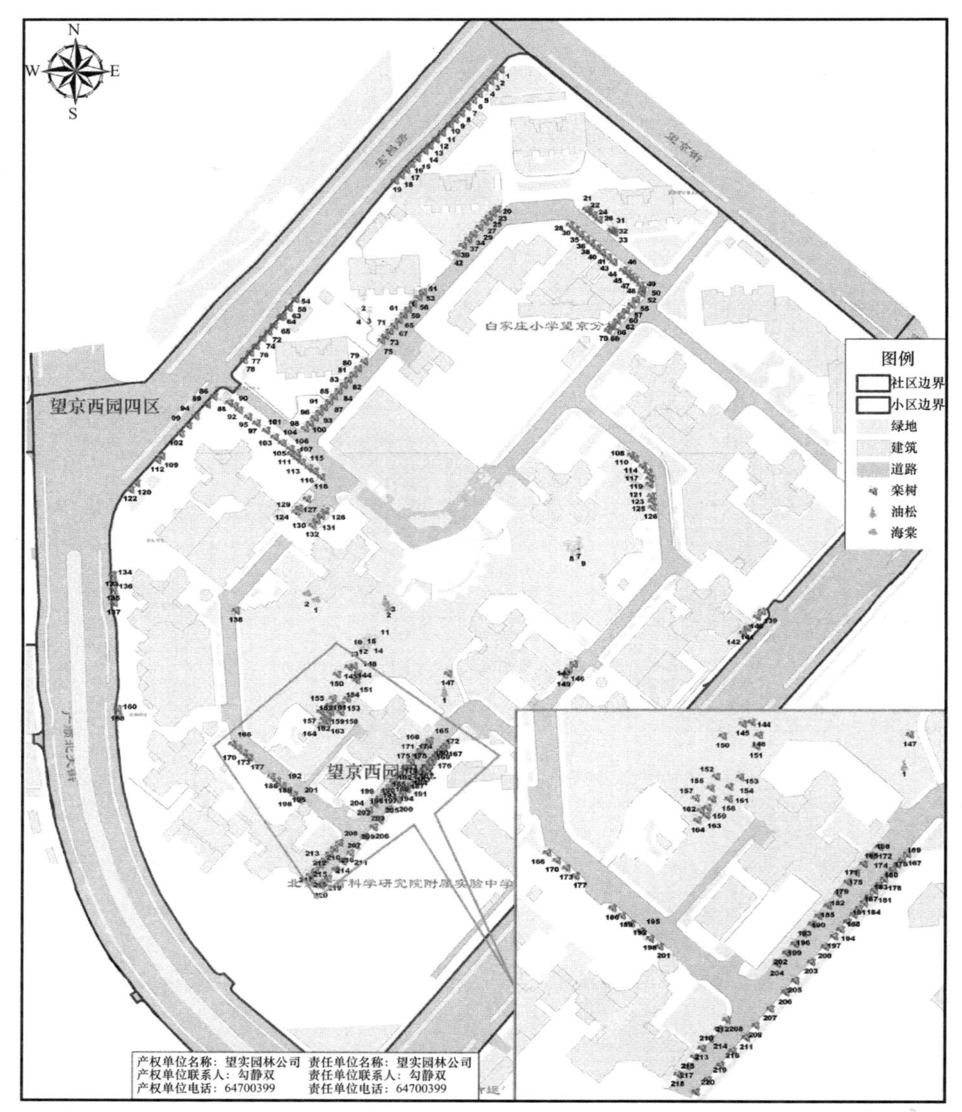

图 5-3 北京市朝阳区望京西园四区社区绿化数据图层

在实地操作中，按照《朝阳区社区绿化普查外业调查技术图示图例规范》进行操作（图 5-5）。在绿地调研中涉及大量的点状、面状部件，点状部件以乔木、灌木为主，其三维量的测算规范参见图 5-6，面状部件要严格参照图 5-7 进行数据测量。由于涉及的社区数目较多，一些评价指标的操作容易在主观上出现偏差。因此在调查过程中，应对相关调查人员进行先期的培训，以便更好地理解整个评价体系的构架以及各指标的意义，尽量避免人为因素对整个评价过程的干扰。

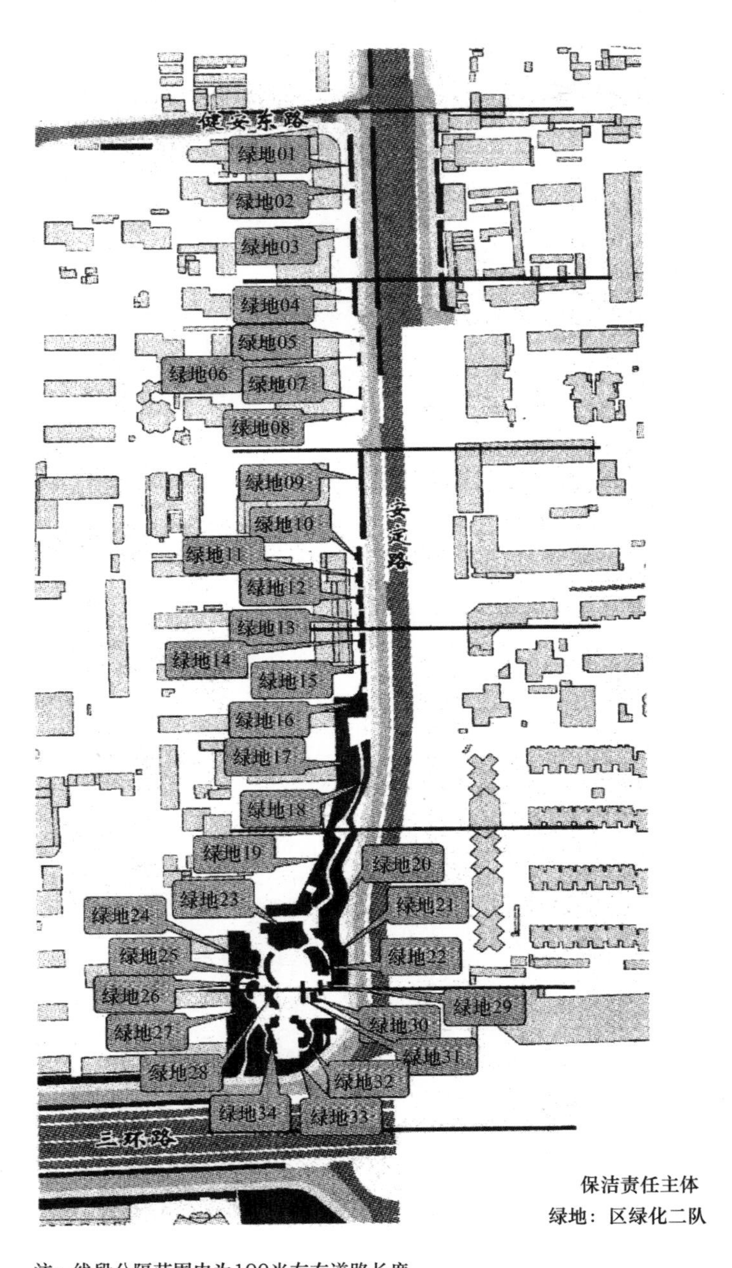

保洁责任主体

绿地：区绿化二队

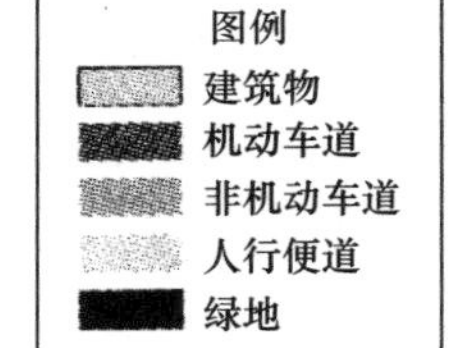

注：线段分隔范围内为100米左右道路长度。

图 5-4　北京市朝阳区安贞街道安定路绿化保洁图层（李东泉，刘晓玲，2009）

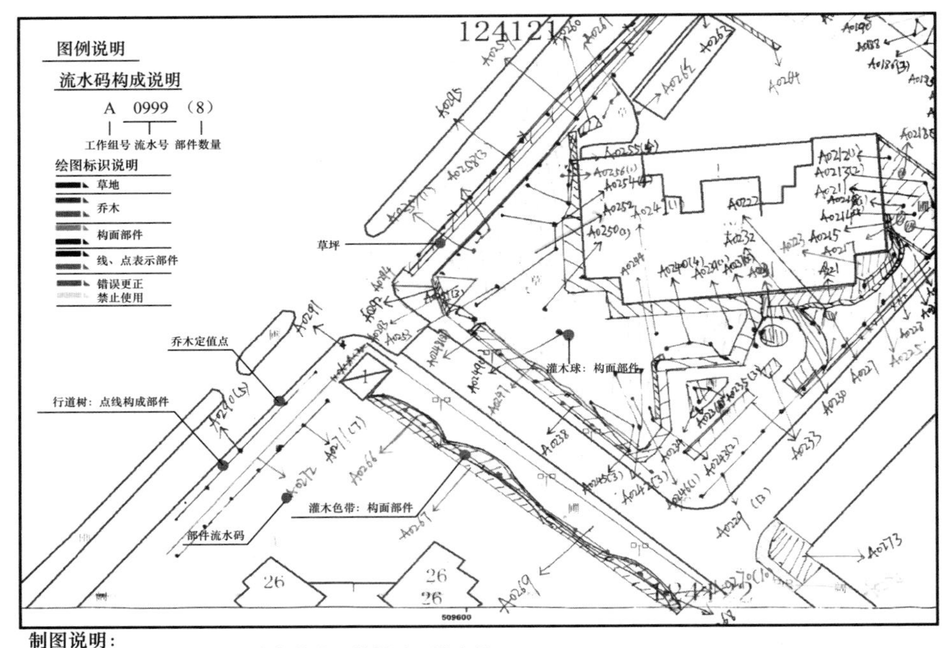

制图说明：

◎以点表示的部件：树木定植点、单棵乔、灌木等；

◎以线表示的部件：垂直绿化、行道树等投影为线性排列部件；

◎以面表示的部件：植物色带、色块等，勾画出外轮廓。

图 5-5　现场实地测绘图纸部件划分及流水码标注

5.3　社区绿化数量化评价的计算方法

在朝阳区海量绿化数据普查、采集及录入后，需要根据评价指标体系进行指标值计算及标准化处理，以便进行相应的评价。从各个数据库及数据图层提取不同的基础信息，按照公式进行计算，并在数据模糊化处理后，得到各指标的相应得分；与权重指标结合后，即可得到每个社区的最终绿化质量得分和排名信息。评价系统基础数据按照一定周期进行数据更新，则各社区不同指标、总得分及排名亦可实时得到更新。

5.3.1　各指标数据计算及评价

5.3.1.1　绿化指标的计算

在细致的普查后，将采集到的绿化指标普查图纸扫描、校准、绘制，利用 Arc map 软件进行矢量化，作为基础数据录入数据库，与植物 GIS 信息匹配；进行数据提取后，进行各项指标的计算。

（1）纯绿地率

纯绿地率即等于社区种植区域面积与社区面积的比例。种植区域面积的数据直接从数据库中提取，确保精确。

$$纯绿地率 = 社区种植区域面积 / 社区面积 \tag{5-1}$$

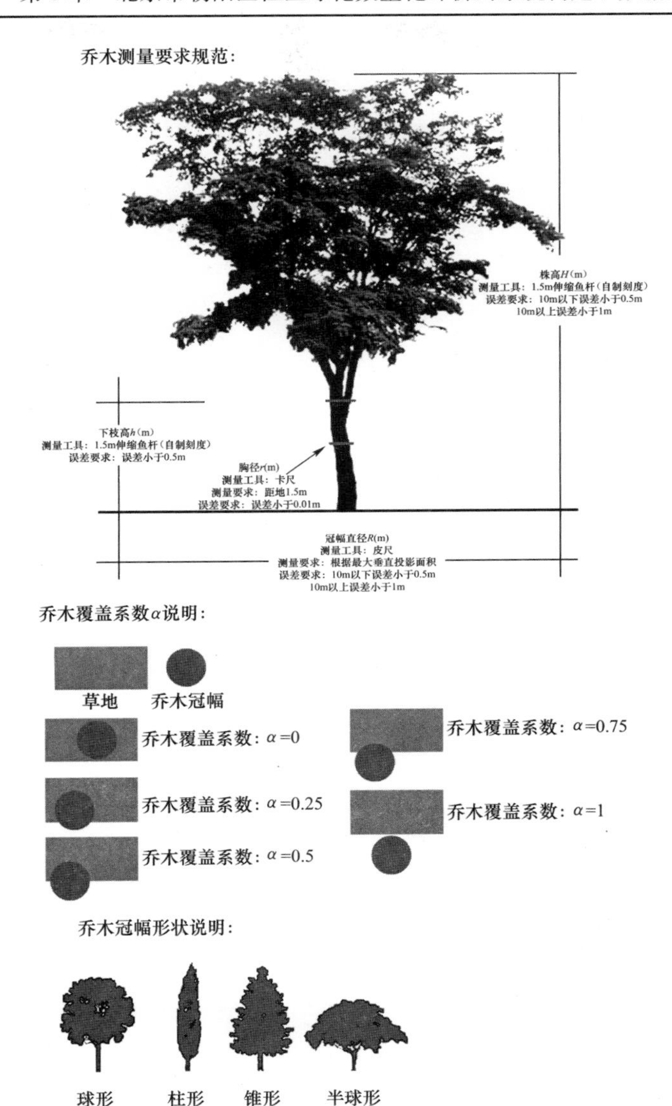

图 5-6　乔木测量要求图示

（2）纯绿化覆盖率

纯绿化覆盖率即等于社区种植区域面积、植物垂直投影面积、屋顶绿化面积三者之和与社区面积的比例。社区种植区域面积、植物垂直投影面积、屋顶绿化面积和社区面积的数据直接从图纸上提取，确保精确。

$$纯绿化覆盖率 = (社区种植区域面积 + 植物垂直投影面积 + 屋顶绿化面积) / 社区面积 \tag{5-2}$$

（3）人均纯绿地面积

人均纯绿地面积等于社区种植区域面积与社区人口数的比例。社区种植区域

图 5-7　灌木与草地、花卉、竹类测量要求图示

面积从图纸上提取，社区人口数据以朝阳区社区人口库、单位数据库为准，确保精确。

$$人均纯绿地面积 = 社区种植区域面积 / 社区人口数 \quad (5\text{-}3)$$

（4）植物多样性指数

通过朝阳区绿化普查及所有植物的电子档案的建立，依照其地理坐标和社区行政区划边界，可以直接提取出每个社区的植物种类数量；社区面积信息由社区行政区划数据库提取。

$$植物多样性指数 = 物种数 / 社区面积 \quad (5\text{-}4)$$

（5）垂直绿化率

垂直绿化面积按照实地普查数据从数据库提取，社区面积信息由社区行政区划数据库提取。

$$垂直绿化率 = 社区垂直绿化的面积 / 社区面积 \quad (5\text{-}5)$$

（6）植物三维量数据

绿化三维量（V）就是木本植物包括乔木、灌木茎、叶子的体积总和。其中灌木的绿化三维量等同于灌木的体积；乔木的绿化三维量为其主干分枝点以上的树冠体积。为了操作简便，将北京常见乔木的树冠按照形状相似的原则，归纳为球形、半球形、锥形、柱形等几类，按照相应的数学公式［式（5-6）、式（5-7）］计算其体积，作为单棵树的三维绿量。

覆盖面积　$S = \pi(D/2)^2 \times \alpha$　（5-6）

三维量 V：　（5-7）

球形：　$V = 4/3 \times \pi(D/2)^3$

柱形：　$V = \pi(D/2)^2 \times (H - h)$

锥形：　$V = 1/3 \times \pi(D/2)^2 \times (H - h)$

半球形：　$V = 4/3 \times \pi(D/2)^3 \div 2$

式中　D——树冠投影直径，m；

H——树高，m；

h——枝下高，m；

α——乔木覆盖系数。

由于树木在生长的不同时期、不同生境条件下，树形会有较大的差异，在普查中须逐一确定，然后在植物的电子档案中进行树形标注（图 5-8）。

（a）悬铃木（圆球形）

（b）馒头柳（半球形）

（c）圆柏（圆锥形）

（d）小叶黄杨（修剪整形后为长方形）

图 5-8　植物树形示例

然后根据下列公式计算相应的绿化三维量指标。

人均绿化三维量 = 社区绿化三维量 / 社区人口数　　(5-8)

单位面积绿化三维量 = 社区绿化三维量 / 社区面积　　(5-9)

社区人口信息和社区面积从相应的数据库图层中直接提取。

5.3.1.2　植物生长指标的评价

植物的生长状况可以反映绿化管理的好坏。生长状况通过打分判定的形式进行，将植物分为乔木、灌木、攀缘植物、地被植物及竹类五大类，不同类别的植物针对不同的评价项，按照等级判定标准进行打分，最后总分即为该植物的生长状况得分。社区植物生长状况打分的评价标准见表 5-1～表 5-5 以及图 5-9～图 5-11。

乔木生长状况评价标准等级　　**表 5-1**

乔木			评分
树冠	A	枝叶茂密，冠型整齐	10
	B	枝叶长势一般，冠型整齐度一般	8
	C	枝叶稀疏，冠型参差不齐	6
分枝点	A	行道树符合枝下高标准，其他乔木树干与体量相称，生长健壮	10
	B	行道树枝下高稍低，树干与体量较相称	8
	C	行道树枝下高低，树干与体量不相称	6
内膛	A	疏密有致，内部枝叶健康	10
	B	疏密较合理，枝叶长势一般	8
	C	空膛或过密，有部分枝叶枯死	6
叶片	A	长势健壮，叶色正常，无病虫害	10
	B	长势一般，叶色较为正常，基本无病虫害	8
	C	长势差，叶色枯黄，或病虫害严重	6

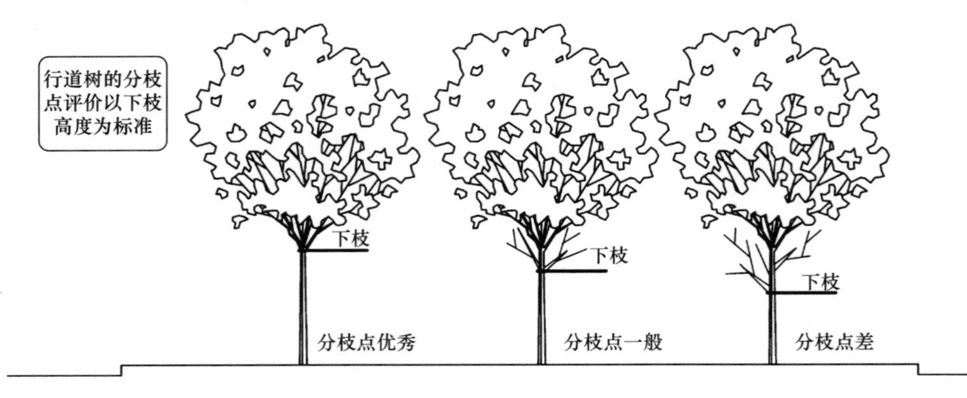

图 5-9　行道树分枝点评价标准图示

（*a*）长势差

（*b*）长势好

图 5-10　乔木冠幅评价标准图示

（*a*）叶片状况优

（*b*）叶片状况良

（*c*）叶片状况差

图 5-11　叶片状况评价标准图示

灌木生长状况评价标准等级　　　　**表 5-2**

灌木		规则式绿篱	自然式丛植或群植灌木	评分
株型	A	生长健壮，株型完整，具灌木完整外貌		10
	B	生长良好，具有灌木外貌，但不完整，有少量死株，缺株		8
	C	生长不良，株型不完整，有大量死株残株		6
修剪	A	外形轮廓清楚，三面以上平整饱满，直线处正直，曲线处弧度圆润，外缘枝叶紧密	内膛能疏剪得当，通风透光，树势上下一致，树冠外的徒长枝能及时疏除或短截，花灌木能按不同生长习性进行修剪，开花及时，株型丰满，花后及时剪除残花、残果	10
	B	外形轮廓基本清楚，直线处正直，曲线处弧度，外缘枝叶不整齐	内膛能适当疏剪，树势上下基本一致，树冠外有部分徒长枝；花灌木花后能及时剪除残花、残果	8
	C	外形轮廓模糊不清，枝叶松散不齐	内膛密实未修剪，树冠外的徒长枝未及时修剪；花灌木花后没有及时剪除残花、残果	6

续表

灌木		规则式绿篱　　　　自然式丛植或群植灌木	评分
枝叶	A	枝叶正常生长，色泽正常	10
	B	枝叶大部分正常生长，有少量枯枝病枝	8
	C	大部分枝叶枯黄，坏死	6
造型	A	造型新颖，独特，与周围环境协调	10
	B	造型美观，大方	8
	C	造型凌乱，无美感	6

攀缘植物生长状况评价标准等级　　表 5-3

攀缘植物			评分
株型	A	植株株型很丰满，能很好地覆盖供其攀附的构筑物或界面，具有优良的绿化效果和观赏价值	10
	B	植株株型较为丰满，能较好地覆盖供其攀附的构筑物或界面，具有较好的绿化效果和观赏价值	8
	C	植株株型一般，植株的绿化效果和观赏价值一般	6
修剪	A	植株修剪得当及时，能按植物不同生长习性进行较好修剪，控制树形树势，及时清除残花枯枝等，植株长势很好	10
	B	能按照植株情况进行适当修剪，适当控制树形树势	8
	C	能对植株进行日常性的修剪	6
枝叶	A	枝叶茂密、整齐一致，枝叶质感良好，无病虫害等症状，具有较高的观赏价值	10
	B	枝叶生长状况和质感较好，具有一定观赏价值	8
	C	枝叶生长状况一般，无重大病虫害	6
造型	A	能根据现有条件和实际状况对植株进行良好的造型，形成优秀的景观效果，具有较高的观赏价值	10
	B	能通过自然或人工条件对植株进行适当的造型来加强景观效果，有较好的观赏价值	8
	C	通过一些条件使植株能取得一定的造型效果	6

地被植物生长状况评价标准等级　　表 5-4

地被植物			评分
整齐度	A	植株生长整齐有序，修剪得当，同种单株间差别不明显，不同种类搭配协调，景观效果好	10
	B	植株生长较有序，修剪较好，同种单株间差别不大	8
	C	植株生长势差，修剪不当，差别明显	6
覆盖度	A	绿地能完全被覆盖	10
	B	有小部分绿地未能被覆盖	8
	C	超过 50%绿地不能被覆盖	6

续表

地被植物			评分
色泽	A	整体叶色均匀，正常，无明显枯黄病虫害	10
	B	整体颜色较为正常，基本无病虫害和枯黄现象	8
	C	整体叶色枯黄或没有显示植物正常的颜色，或有病虫害	6
长势	A	植株枝繁叶茂，长势较好，具有优秀的景观效果	10
	B	植株长势一般，有一定的绿化效果	8
	C	植株长势较差或濒临死亡	6
	D	死亡	0

竹类植物生长状况评价标准等级　　**表 5-5**

竹类			评分
株型	A	植株株型很丰满，具有优良的绿化效果和观赏价值	10
	B	植株株型较为丰满，具有较好的绿化效果和观赏价值	8
	C	植株株型一般，植株的绿化效果和观赏价值一般	6
枝叶	A	枝叶茂密、整齐一致，枝叶质感良好，无病虫害等症状，具有较高的观赏价值	10
	B	枝叶生长状况和质感较好，具有一定观赏价值	8
	C	枝叶生长状况一般，无重大病虫害	6
长势	A	植株枝繁叶茂，长势较好，具有优秀的景观效果	10
	B	植株长势一般，有一定的绿化效果	8
	C	植株长势较差或濒临死亡	6

根据上述标准进行评价打分后，按照式（5-10）计算生长状况得分：

植物生长状况得分 = 社区内所有植物的生长状况得分总和 / 社区内物种数　　（5-10）

5.3.2　指标的换算

由于各指标评价的单位各不相同，不具可比性，需要进行标准化处理，之后再进行数学加和计算社区绿化的评价总分。

5.3.2.1　绿化指标的标准化处理

对具有不同单位和量纲的各绿化指标的数据标准化处理，参照模糊数学中查德目标绝对优属度公式进行计算（式 5-11，式 5-12）。绿化指标都属于特征值越大越优的指标，指标值越大相应的评价得分越高，所以选用特征值越大越优的计算公式进行指标得分的换算。

通过全局数据的分析，经多方论证，依据实际情况，将所有社区现有绿化单项指标的平均值设为 80 分，以此作为最优值标准；为了以评促管，没有采取超过最优指数均按 1 计的要求，最大值呈开放式，所有数据都与最优指数等比例增长或者减少。

（1）特征值越大越优，则

$$c_i' = \frac{c_i - \min c_i}{\max c_i - \min c_i} \tag{5-11}$$

（2）特征值越小越优，则

$$c_i' = \frac{\max c_i - c_i}{\max c_i - \min c_i} \tag{5-12}$$

式中，$\max c_i$，$\min c_i$ 为指标 i 的上确界和下确界；c_i 为指标 i 的特征值。

根据实际调研，结合社区绿化数据分析，征求社区管理者意见，确定各绿化指标的上确界和下确界值如下：

纯绿地率　　　　max＝27.39%　　min＝0.00%；
纯绿化覆盖率　　max＝34.59%　　min＝0.00%；
人均绿化面积　　max＝30.06　　min＝0.00；
垂直绿化率　　　max＝40.35%　　min＝0.00%；
单位面积三维量　max＝146.59%　　min＝0.13%；
人均三维量　　　max＝290.70　　min＝0.00；
植物多样性　　　max＝17.27%　　min＝0.03%。

5.3.2.2　植物生长指标的换算

为了方便社区实际管理工作，在植物生长指标得分计算后，该单项指标评价时，划分为不同的等级，按照植物生长状况得分≥36 分的社区，为管理水平优质社区；得分在 32～36 分（包括 32）之间的为良，28～32 分（包括 28）的为中等社区，低于 28 分的社区的绿化管理水平为差。进行综合评价时，直接以该部分得分和上述绿化相关指标的总得分相加，作为最后评价的分值。

5.3.2.3　社区绿化评价得分及等级划分

对各个进行了数据标准化处理后的绿化指标数据，按照其在整个指标体系中占有的权重的大小，运用加权平均的公式进行最后处理，得到每个社区绿化指标的得分，将其和代表管理指标的植物生长指标的得分直接相加，两者权重相同，最后得分为综合评价的分值。再按照得分的多寡进行降序排列即得到社区绿化质量的排序。为了使居民更为直接清晰地了解本社区的绿化质量状况，在所有社区得分的分值段中，按照正态分布的规律，依照分数将社区绿化质量划分为 A～D 4 个等级，每个等级中又分为 5 个级别（表 5-6），如此便可使社区管理者及群众清晰快速地了解社区绿化质量的水平及在全区的相对排名。

社区绿化评价分级标准　　**表 5-6**

	标准	社区等级类别
1	135≤社区绿化平均标准得分	AAAAA
2	130≤社区绿化平均标准得分＜135	AAAA

续表

	标准	社区等级类别
3	125≤社区绿化平均标准得分<130	AAA
4	120≤社区绿化平均标准得分<125	AA
5	115≤社区绿化平均标准得分<120	A
6	110≤社区绿化平均标准得分<115	BBBBB
7	105≤社区绿化平均标准得分<110	BBBB
8	100≤社区绿化平均标准得分<105	BBB
9	95≤社区绿化平均标准得分<100	BB
10	90≤社区绿化平均标准得分<95	B
11	85≤社区绿化平均标准得分<90	CCCCC
12	80≤社区绿化平均标准得分<85	CCCC
13	75≤社区绿化平均标准得分<80	CCC
14	70≤社区绿化平均标准得分<75	CC
15	65≤社区绿化平均标准得分<70	C
16	60≤社区绿化平均标准得分<65	DDDDD
17	55≤社区绿化平均标准得分<60	DDDD
18	50≤社区绿化平均标准得分<55	DDD
19	45≤社区绿化平均标准得分<50	DD
20	40≤社区绿化平均标准得分<45	D

5.4　评价结果的呈现

5.4.1　平台、软、硬件支持系统

数量化绿化管理系统以DCMIP（digital city management information platform）为技术平台，是以朝阳区万米网络化信息管理系统为基础。各社区绿化基础信息及评价数据平台系统采用j2ee技术，使用oracle9i数据库，地图由Arc IMS发布，实现更大层面的数据共享。

从硬件支持上看，系统服务器配制要求CPU：≥2.8G＊2，内存：≥8G，硬盘：≥1TB，SAS×3 Raid 5（推荐使用15000转/分硬盘），网卡：≥100M双网卡，操作系统：windows server 2003及以上版本或Redhat Linux AS4.5及以上版本。客户端配制要求CPU为Pentium IV及以上处理器，内存≥1G，硬盘≥320G，网卡≥100M，显示器要支持1024×768（或更高）分辨率，操作系统需使用Windows XP及以上版本，浏览器要求IE8及以上版本或其他浏览器。

5.4.2　平台查阅、检索的信息

数量化社区绿化评价系统是朝阳区全模式社会服务管理技术数据库的组成部分之一，通过政府部门对各个社区、管理部门、科研单位进行权限授予，可以自主查询不同层次的数据。

进入数据库后有首页、评价排名、绿化信息、统计分析及信息更新等板块。

朝阳区全区绿化概貌的图层是整个页面的核心，可以通过对不同乡镇/社区的数据调选实现该区域绿化概貌的查询（图 5-12）；同时可以社区植物的不同类型作为第二层筛选指标，即通过勾选相关选择项，可分别查看全区、不同区域、社区的乔木、灌木、草地、立体绿化、花卉和竹子的分层信息。从整体到局部，从绿化全貌到具体树种，都能实现快速的查询。

图 5-12　北京市朝阳区全区绿化概貌

在评价排名板块，可以分别查看全区街乡、社区、单位、物业小区的各个层次的排名情况以及各个社区详细的纯绿化率、纯绿化覆盖率、地均三维量、垂直绿化、物种多样性、管理水平等单项指标得分及总得分。数据库对社区管理者及社区居民了解所处街道、社区的绿化水平提供了不同维度的参考指标，系统公开社区绿化水平在全区以及所在街道的排序（图 5-13）。绿化评价总分及排名的公开，促进各个社区的相互学习，良性竞争；单项指标得分的多寡为社区管理者及居民了解本社区绿化的问题及改进方向提出了确实可靠的依据。

在绿化信息板块中，可实现街乡、社区、单位、物业小区等不同尺度的植物信息查询。由于朝阳区所有植物在系统中都对应有识别编码及相关电子身份信息，社区管理者和居民通过查询可以清晰地了解社区中一草一木的名称、类别、所属单位、责任人以及栽植位置（图 5-14）。社区管理者可通过在数据系统进一步了解社区内部的树种信息，以便更好地制定绿化及养护计划；社区居民通过植物养护归属信息的查询，可以对社区绿化实现实时、自觉的动态监督，从而极大地调动社区居民爱绿护绿的积极性。

排名	名称	纯绿化率得分	纯绿化覆盖率得分	地均三维量得分	垂直绿化率得分	物种多样性得分	管理指标得分	总得分	等级	
1	西坝河中里社区	10.0	7.5	7.5	0.875	0.34683189	39.8457	80.0989	BBB	详情
2	水碓子社区	10.0	7.5	7.5	2.5	0.59390272	38.4545	78.185	BB	详情

图 5-13　北京市朝阳区全区社区绿化质量排名

北京朝阳
www.bjchy.gov.cn
朝阳区全模式社会服务管理基础数据库
数字化社区绿化评价系统
系统首页　评价排名　绿化信息　统计分析　信息更新　欢迎您： | 退出
您当前的位置：绿化评价系统－> 绿化信息
街乡列表　社区列表　单位列表　物业小区列表　植物查询

植物大类	--请选择--	植物小类	--请选择--	植物名称	--请选择--
所属街乡	--请选择--	所属社区	--请选择--	所属网格	--请选择--
所属单位		所属物业		标识编码	
是否当前记录	☑当前记录 ☐历史记录				

查询　清空

序号	植物名称	标识编码	植物小类	植物大类	所属街乡	所属社区	所属单位	所属物业	绿化位置	
1	国槐	1255463	落叶乔木	乔木	将台地区	安家楼社区	专业电焊加工			详情
2	银杏	1253968	落叶乔木	乔木	奥运村街道	南沙滩社区	凤仪雅韵			详情
3	白蜡	1276727	落叶乔木	乔木	呼家楼街道	核桃园社区	恋日宏盛超市			详情
4	旱柳	1275751	落叶乔木	乔木	麦子店街道	枣营北里社区	北京银行			详情
5	雪松	1274248	常青乔木	乔木	左家庄街道	顺源里社区	北京发展大厦			详情
6	圆柏	1254001	落叶乔木	乔木	奥运村街道	南沙滩社区	猫粮狗粮批发			详情
7	银杏	1253993	落叶乔木	乔木	奥运村街道	风林绿洲社区	瑞琪缘			详情
8	银杏	1253989	落叶乔木	乔木	奥运村街道	风林绿洲社区	烟酒专卖			详情
9	国槐	1253510	落叶乔木	乔木	劲松街道	八棵杨社区				详情
10	国槐	1252987	落叶乔木	乔木	大屯街道	慧忠北里第一社区	网吧			详情
11	银杏	1253936	落叶乔木	乔木	奥运村街道	南沙滩社区	烟酒食品冷饮水果店			详情
12	白蜡	1253933	落叶乔木	乔木	奥运村街道	南沙滩社区	李记河间驴肉火烧			详情
13	白蜡	1252922	落叶乔木	乔木	大屯街道	慧忠北里第一社区	北京银行			详情

图 5-14　植物养护归属信息查询

此外，系统还加强了信息的可视化，在绿化信息的查询中，可以通过点击数据库中朝阳区地图上的每一棵植物，详细地了解每一株植物种类、绿化形式等详细信息及历年成长记录，良好的系统交互体验实现整个系统的专业性、科学性和科普性，完善的信息体系、方便的查询平台是实现全民参与，“百姓养树”的根本保障（图 5-15）。

图 5-15　植物绿化信息查询

统计分析模块可实现数据库基础评价信息的图示化，实现城市社区、农村社区、行政村等不同行政管理维度以及不同数量化绿化管理单项指标层次的数据分析（图 5-16）。为政府部门制定朝阳区社区绿化的政策以及引导社区管理者明确社区绿化改造提升思路提供了有力数据支持。

图 5-16　绿化数据统计分析

第6章　北京市朝阳区社区绿化数量化管理系统的评价结果

自2006年始利用数字化科学技术和地理信息系统（GIS）的精确定位方式，由朝阳区城市管理监督指挥中心委托，北京林业大学园林学院技术指导，北京前程图胜科技有限责任公司具体实施，对北京市朝阳区社区绿化状况进行精确的数据采集，对每一块绿地、每一棵树、每一片花卉、草地、垂直绿化等都建立电子档案，并形成完整精确的社区绿化信息数据库。2007年起，基于精准的植物数据，数量化社区绿化评价系统开始运行。至2014年，朝阳区数量化城市绿化管理系统已经实现了8年的动态监测。客观、精准的数量化分析及公开透明的数据信息为朝阳区、街道、社区不断完善绿化维护、建设、管理水平提供了决策依据，同时也激发了社区管理的各个层级和居民重视绿化环境的意识，并有针对性地提高绿化建设和管理水平。

6.1　纳入朝阳区社区绿化数量化管理系统的社区变化

自2007年评价系统完全进入运行，随着数据的逐步完善，纳入评价系统的社区数量逐年增加。2007年主要对位于建成区中心的290个社区，2009年增加为318个社区，2011年达到358个社区，至2013年达到362个社区（表6-1），已经包含了建成区边缘的一些社区。纳入数字化绿化管理系统的社区数量与面积不断扩大（图6-1、图6-2）。

朝阳区历年数量化评价系统监测社区名录　　**表6-1**

年份（社区数量/新增社区）	社区名称
2007年（290）	黄杉木店村、瞰都社区、新新家园联合社区、秀水园社区、光环社区、国奥村社区、嘉铭园社区、将府家园社区、瑞祥里社区、圣星社区、万科社区、炫特家园社区、光熙家园社区、罗马嘉园社区、煤炭科技苑社区、百子湾东社区、翠城雅园社区、和平家园社区、和谐雅园社区、丽都社区、望湖社区、周庄村、新街社区、潘家园社区、宝星园社区、晨光社区、南平里社区、十里堡北里社区、十里堡社区、太平庄北社区、武圣农光社区、西坝河东里社区、西坝河南里社区、西坝河中里社区、小庄社区、秀水社区、一村社区、永安里东社区、中北路社区、中三里社区、总装社区、安慧里南社区、安慧里社区、慧忠里第二社区、金台里社区、磨北社区、小关社区、朝阳公园社区惠新北里社区、曙光里社区、松榆东里社区、霞光里社区、小寺村、雅宝里社区、光熙门北里南社区、花家地社区、华威西里社区、华严北里社区、华严北里西社区、磨房南里社区、佛营西里社区、松榆里社区、甜水园社区、八里庄北里社区、双柳社区、天福园社区、

续表

年份（社区数量/新增社区）	社区名称
2007年（290）	安慧东里社区、大黄庄社区、吉祥里社区、三源里社区、双龙南里社区、黄寺社区、静安里社区、南路东里社区、南新园社区、祁家豁子社区、武圣东里社区、育慧里社区、中纺里社区、科学园社区、石佛营南里社区、世纪村社区、驼房营村、望花路西里社区、安逸社区、安贞里社区、八里桥村、北沙滩社区、垡头北里社区、福怡苑社区、管庄西里社区、花家地北里社区、花家地西里社区、华威里社区、惠河东里社区、慧忠北里第一社区、慧忠里第一社区、民族家园社区、南湖东园北社区、南路西里社区、农展南里社区、尚家楼社区、十里河村、松榆西里社区、太阳宫社区、西平街社区、碧水园社区、方舟苑社区、花家地南里社区、花家地西里三区社区、大西洋新城社区、东会村、绿色家园社区、爽秋路社区、通惠家园社区、望京花园社区、望京园社区、夏都雅园社区、兴隆家园社区、育慧西里社区、远洋天地社区、大屯里社区、定北里社区、东润风景社区、红庙北里社区、慧忠北里第二社区、吉庆里社区、柳芳南里社区、欧陆经典社区、万象新天社区、夏家园社区、鑫兆佳园社区、秀雅社区、珠江绿洲社区、紫南家园社区、朝阳无限社区、褡裢坡村、梵谷水郡社区、官庄村、果岭里社区、林萃社区、艺水芳园社区、建国里社区、连心园社区、双泉社区、望京西路社区、望京西园社区、望京西园四区社区、砖角楼社区、八里庄东里社区、八里庄西里社区、白西社区、百子湾西社区、定福庄西村、东柳树村、富华家园社区、管庄东里社区、广外南社区、华威北里社区、惠新苑社区、建东苑社区、将台洼村、京民社区、老君堂村、利泽西园一区社区、吕家营村、南湖东园社区、南湖西园二区社区、南湖中园北社区、南路社区、农光里社区、农光里中社区、三丰里社区、十四区社区、双惠苑社区、司辛庄村、体东社区、驼房营西里社区、望京西园三区社区、西会村、雅成里社区、百环家园社区、北郎东社区、城市华庭社区、富力社区、公园大道社区、广泉社区、国风社区、欢乐谷社区、永安里社区、中路南社区、安华里社区、安华西里社区、北郎社区、北三里社区、朝来绿色家园社区、垂西社区、大郊亭社区、大山子社区、大望社区、定西北里社区、垡头二区社区、垡头三区社区、风林绿洲社区、光熙门北里北社区、和平东街社区、红霞路社区、劲松中社区、九龙社区、龙祥社区、美然动力社区、南湖西园社区、南湖中园社区、潘家园东社区、潘家园南里社区、三四条社区、胜古庄社区、石佛营东里社区、双花园社区、水碓子社区、顺源里社区、望花路东里社区、新源西里社区、怡思苑社区、枣营南里社区、中路北社区、紫萝园社区、左北里社区、左东里社区、左南里社区、农光东里社区、小黄庄社区、新源里社区、一二条社区、安苑里社区、安贞西里社区、樱花园社区、裕民路社区、枣营北里社区、垡头一区社区、广和里社区、南湖西里社区、胜古北社区、高家园社区、惠新里社区、柳芳北里社区、红庙社区、六里屯村、丝竹园社区、奥运中心区、八棵杨社区、八里庄南里社区、坝北村社区、北辰东路社区、垂东社区、道家园社区、电子球场路社区、东大桥社区、东路社区、二村社区、芳草地社区、阜荣街社区、甘露园社区、高原街社区、工作区社区、关东店社区、华贸社区、荟康园社区、劲松北社区、劲松东社区、九龙南社区、南北里社区、南郎社区、安翔里社区、核桃园社区、呼家楼北社区、呼家楼南社区、杨闸村、垡头西里社区、十字口社区、光华里社区、东三里社区、人民日报社区、定南里社区、延静里社区、劲松西社区、西坝河西里社区、关东店北街社区、六里屯北里社区、南沙滩社区
2008年（新增社区）	大羊坊社区
2009年（新增社区）	北湖渠村、北苑二号院社区、北苑三号院社区、北苑一号院社区、东风乡豆各庄村、东辛店村、泛海国际社区、观湖国际社区、红军营村、黄金苑社区、来广营村、立城苑社区、立水桥村、莲葩园社区、茉莉园社区、奶西村、青年城社区、清河营村、清友园社区、芍药居北里第三社区、芍药居北里第四社区、芍药居北里第一社区、新生村、辛庄村、新街坊社区、姚家园西社区、紫绶园社区

续表

年份（社区数量/新增社区）	社区名称
2010 年（新增社区）	安家楼社区、八里桥社区、八里庄南里社区、孛罗营村、崔各庄村、翠城趣园社区、翠城馨园社区、定福庄东村、定西南里社区、东郊农场村、东郊社区、风林绿洲社区、甘露园南里二区社区、甘露园南里一区社区、高碑店村、管庄村、国美家园社区、何各庄村、横街村、华纺易城社区、黄渠村、惠忠庵社区、康家园东社区、康家园西社区、雷桥村、李县坟村、丽景馨居社区、丽景苑社区、牛王庙社区、平乐园社区、赛洛城社区、三间房南里社区、三间房西村、山水文园社区、善各庄村、芍药居北里第二社区、十八里店村、水岸家园社区、小庄社区、姚家园村
2012 年（新增社区）	住欣家园社区、丝竹园社区、黄渠村、华纺易城社区、翠城熙园社区、北辰福第社区

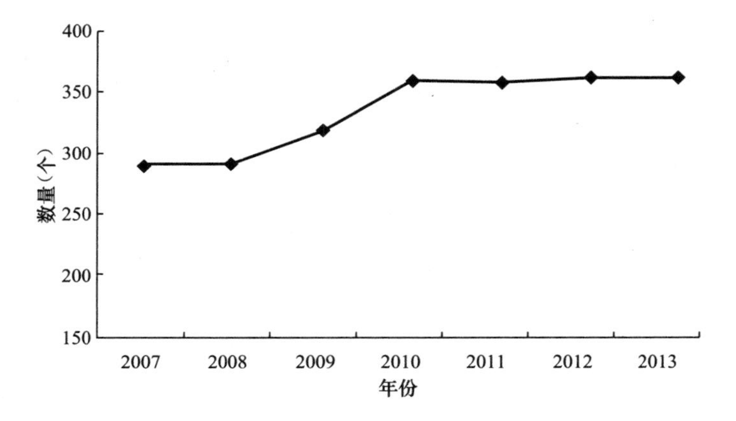

图 6-1　2007～2013 年朝阳区数量化绿化评价社区数量变化

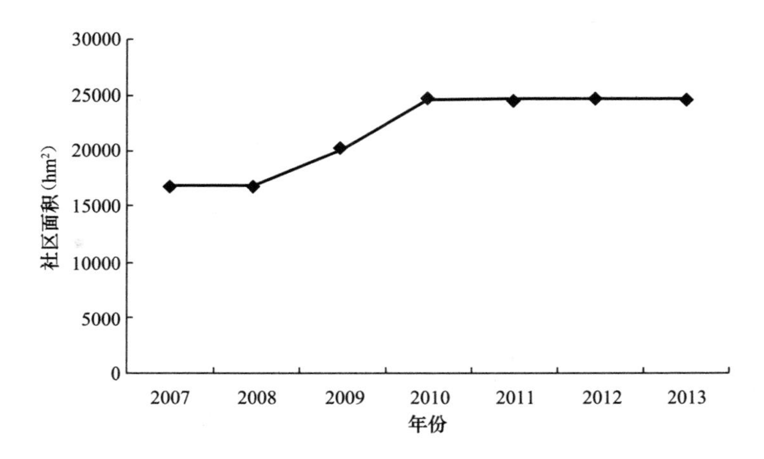

图 6-2　2007～2013 年朝阳区纳入绿化管理的社区面积变化

6.2 朝阳区社区绿化数量化管理整体评价结果

6.2.1 朝阳区社区绿化评价总得分结果

以2013年的评价结果进行分析，从表6-2可以看出，2013年朝阳区社区绿化质量评价水平名列前茅的社区基本以城市社区为主，西坝河中里社区、水碓子社区以及和平家园社区等46个社区评价为优秀，占到总数的12.7%（表6-2）；秀水园、潘家园、金台里等评价等级为良的社区136个，占总数的37.6%（表6-3）；评价为中等级别的社区66个，占到总数的18.2%（数据略）；得分较低的社区111个，占30.7%（数据略）。总体来看，优良等级社区占总数50.3%，达到一半以上；进一步分析显示，评分较低的社区大多为新建社区或者区位较为偏远的社区。

2013年朝阳区绿化质量最优部分社区 **表6-2**

全区排名	社区名称	绿化总得分	社区排名	社区名称	绿化总得分
1	西坝河中里社区	80.10	24	秀水社区	72.37
2	水碓子社区	78.19	25	望花路西里社区	72.32
3	和平家园社区	77.76	26	松榆西里社区	72.16
4	瑞祥里社区	77.39	27	和平东街社区	72.08
5	顺源里社区	76.96	28	望京西园三区社区	72.04
6	农展南里社区	76.79	29	中路南社区	72.00
7	东三里社区	76.66	30	呼家楼北社区	71.77
8	一村社区	75.92	31	一二条社区	71.68
9	安慧东里社区	75.91	32	石佛营西里社区	71.59
10	胜古庄社区	75.83	33	体东社区	71.32

2013年朝阳区绿化质量评价良好部分社区 **表6-3**

全区排名	社区名称	绿化总得分	社区排名	社区名称	绿化总得分
47	秀水园社区	69.93	116	劲松北社区	64.11
48	潘家园社区	69.86	117	关东店社区	64.09
49	金台里社区	69.80	118	珠江绿洲社区	64.08
50	永安里社区	69.63	119	慧忠里第一社区	64.03
51	樱花园社区	69.58	120	朝阳公园社区	64.01
52	天福园社区	69.50	121	核桃园社区	63.94
53	坝北村社区	69.37	122	太平庄南社区	63.93
54	西坝河西里社区	69.30	123	方舟苑社区	63.81
55	花家地社区	69.16	124	八棵杨社区	63.78
56	呼家楼南社区	69.12	125	曙光里社区	63.69

6.2.2　朝阳区社区绿化评价总体变化趋势

对纳入评价系统的社区的评价结果按照年度进行总体分析，可以帮助我们从全区的尺度上了解城市园林绿化的动态变化。图 6-3 是将 7 年间所有纳入评价系统的社区的得分进行平均后获得的结果，发现整体呈现出震荡上升的趋势，特别是 2008～2009 年，分数有一个显著的下降，随后又平稳上升（图 6-3）。但是当我们仅选出自 2007 年之始就纳入系统的 290 个社区，而将此后逐年增加进来的社区剔除掉再进行计算，则发现分值表现为平稳上升的态势，且在 2009 年到 2010 年有一个较大的跃升（图 6-4）。进一步分析发现，图 6-3 中评价得分在 2009 年下降主要是因为当年纳入评价系统的社区数量大幅度增加，这些新增加的社区多处于朝阳区建成区边缘，绿化基础水平普遍偏低，植物生长还处在恢复过程中，整体绿化不如市区内比较成熟的社区，因此拉低了整体得分。此后，随着数量化社区管理系统的应用，各社区对绿化的重视程度显著提升，也带动了社区绿化质量的稳步提升。

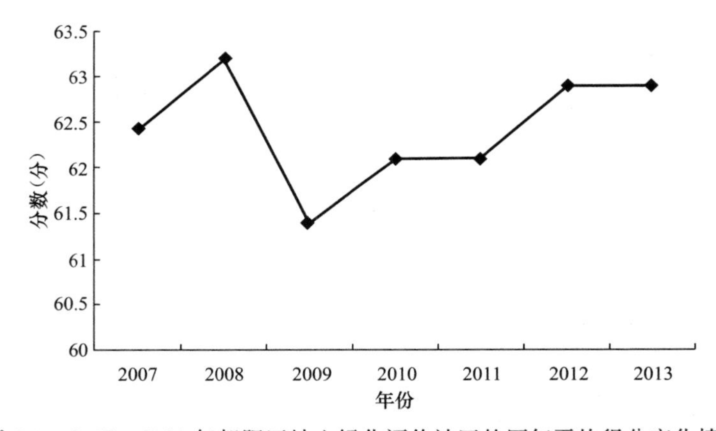

图 6-3　2007～2013 年朝阳区纳入绿化评价社区的历年平均得分变化情况

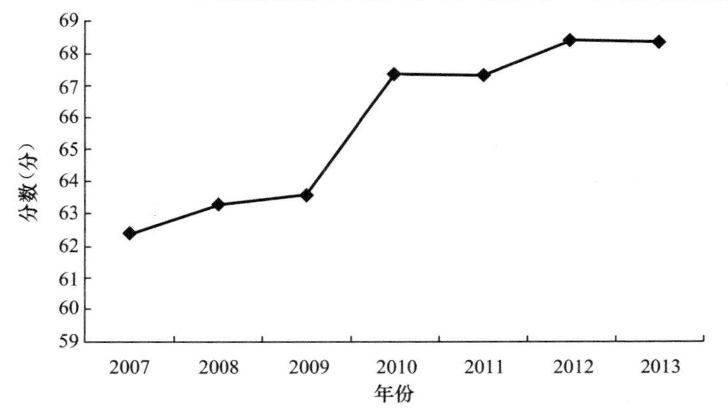

图 6-4　2007～2013 年朝阳区 2007 年起持续监测的 290 个社区平均总分

对所有纳入评价体系的社区历年得分的分区段的数量进行分析（图 6-5），可以看到，2007 年得分达 80 分以上的社区占社区总数的 8％，到 2013 年增加至 13％，这表明绿化效果优秀的社区数量得到增加，充分表明评价系统对于社区绿化管理带来的促进效应。另一方面，得分 40 分以下的社区在 2007 年占社区总量的 10％，到 2013 年达到 13％，而这些增加的数量，也正和城郊增加大量新社区有关。通过对不同分数段社区数量变化的比较分析，能够使社区管理人员更深入地从全区层面上掌握社区绿化管理的状况，从而为决策提供支持。

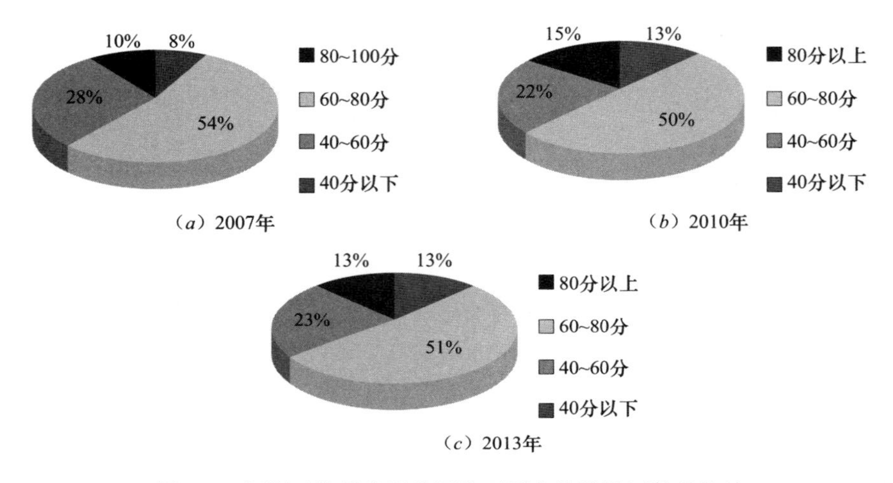

图 6-5　朝阳区数量化绿化评价不同分数段社区数量统计

分析社区绿化质量评价得分与社区区位的关系，可明显看到越靠近城市中央，社区的得分越高，而且这些高得分的社区分布也相对集中（图 6-6）；这说明社区的位置、建成的时间与社区绿化质量具有显著的相关性，总体上 2000 年后建成且已达成熟的社区一般绿化质量较高。

6.3　朝阳区社区绿化数量化评价各指标变化分析

绿化数量化评价体系通过最终得分，对社区整体绿化质量进行分级、排序，固然能反映出绿化状况，也能成为政府管理部门的抓手，督促社区各管理主体进行管理的最重要数据；同时也可能是社区居民基于社区归属感最为重视的数据，居民可能因为本社区得分高而体会到荣誉感，也可能因本社区得分低从而激发起爱护和管理社区的自治意识。但是，最终评价得分是“果”，其深层次的“因”，也就是社区绿化得分高低是直接由那些因子造成的，从而找到绿化提升的方向，有针对性地去改善这些因子，从本质上提升社区绿化质量，这才是评价的根本目标。而这些直接的因子，正是系统中所设计的评价指标。

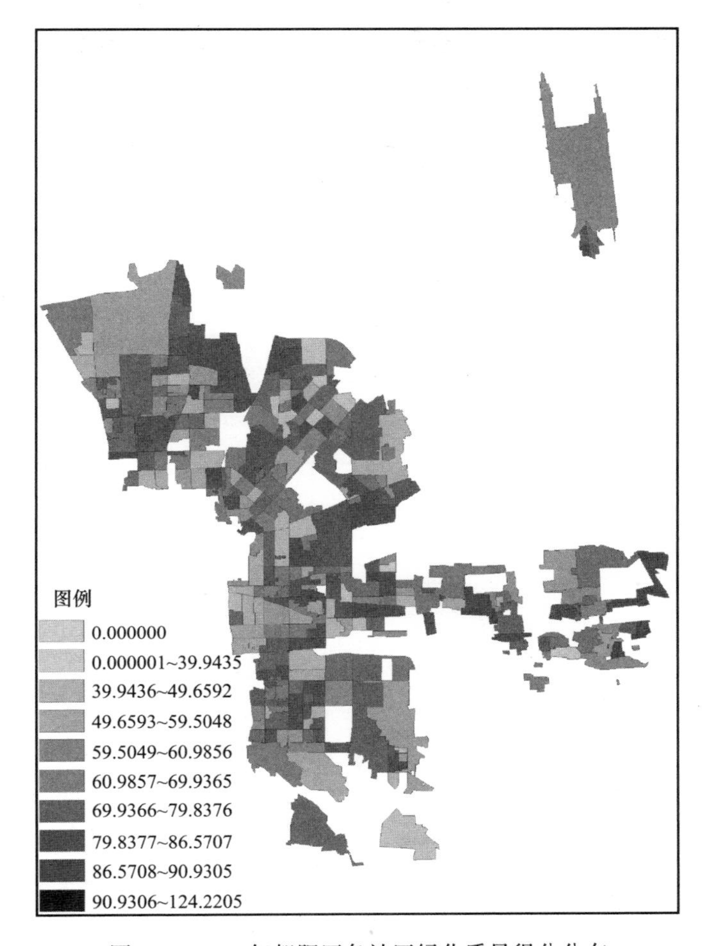

图 6-6　2013 年朝阳区各社区绿化质量得分分布

6.3.1　朝阳区绿化评价各单项指标的变化趋势分析

图 6-7 和图 6-8 分别是按照所有纳入评价体系的社区和最早纳入评价体系的 290 个社区来进行计算，显示了所有绿化相关指标的变化趋势。与之前讨论过的总分情况类似，290 个相对较为成熟的社区，在监测的几年中，各项指标均呈现稳步增长的趋势，但是新建社区的增加引发了这些指标变化的多样性，有些指标甚至在某个年份呈现下降，总体来说，这种下降并未持续，而是总体保持稳步上升的态势。表明从整个朝阳区来说，在社区层级上，绿化的各项指标是逐年进步的。这正符合我国当前倡导的改善人居环境质量的大方针政策。

6.3.2　纯绿地率

纯绿地率反映的是社区用于直接栽植植物的面积指标，是绿化效果好坏的最为直接的基础，因为这个指标涉及用于绿化的土地的面积，尤其是绿化栽植的面积与建筑、硬质铺装等面积之间的比例关系。其评价分值变化结果与上述总趋势相似。当分析所有纳入评价的社区时，2008 年该指标达到峰值，这可能与当年奥运会的召开整体上注重绿化相关。总体上来说，这一指标从 2011 年开始又保持持续稳定增加的态势（图 6-7、图 6-8）。

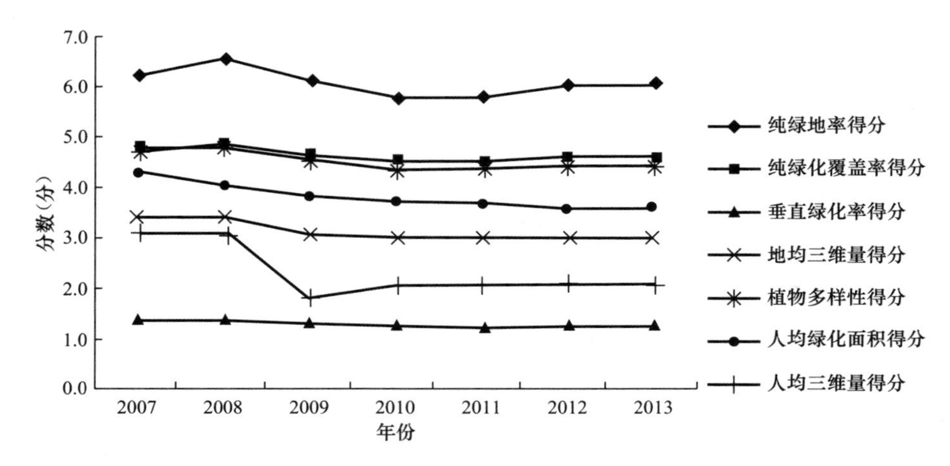

图 6-7　2007～2013 年朝阳区纳入绿化评价的所有社区各项绿化指标平均得分

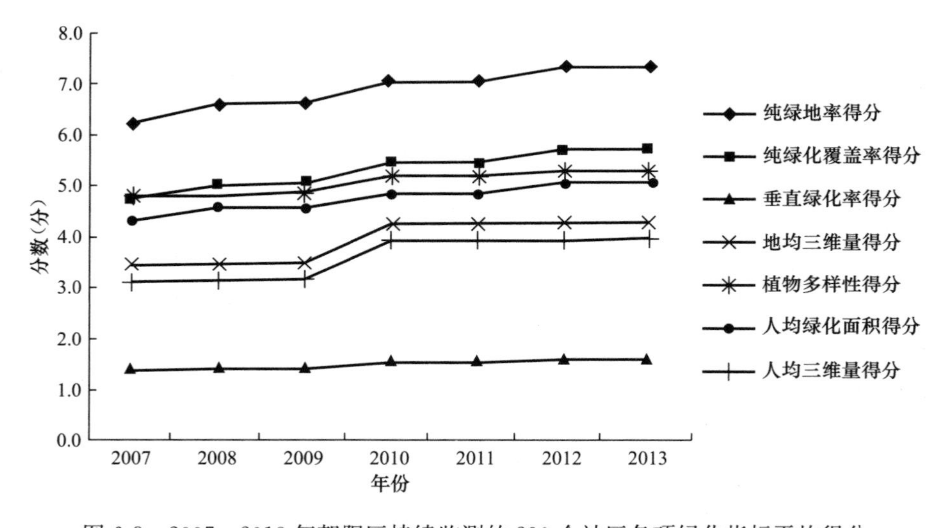

图 6-8　2007～2013 年朝阳区持续监测的 290 个社区各项绿化指标平均得分

6.3.3　纯绿化覆盖率

植物在绿地上的投影面积为绿化覆盖率，这一指标也直观反映了园林绿地的建设情况。尤其是针对没有条件设置集中栽植区而呈大面积硬化的地表，绿化覆盖率这一指标的设置鼓励通过种植乔木提供城市总体绿量，并满足居民遮荫等休闲娱乐的需求。从朝阳区 2007～2013 年的植物投影面积来看，呈现稳步增加的趋势，从一个层面上反映出朝阳区园林绿化的良好水平（图 6-9）。

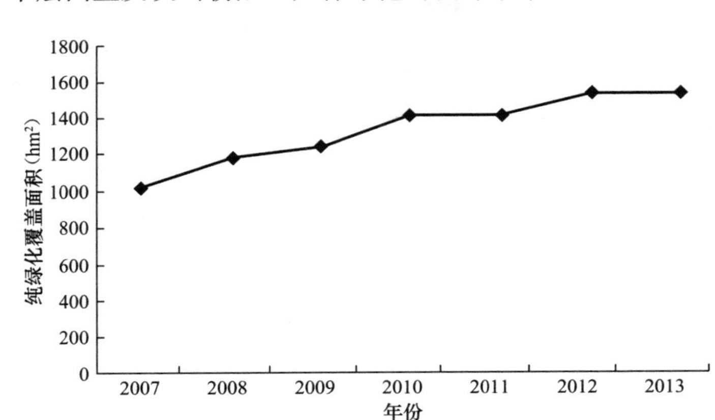

图 6-9　2007～2013 年朝阳区纳入评价系统的社区总绿化覆盖面积变化趋势

从不同类型植物的投影面积变化上来看（图 6-10），乔木的变化量比较显著，呈现逐年稳步上升的趋势，从 331 万 m^2 提高到 489 万 m^2，增长率在 50%左右。此外，草坪的面积也有一定程度的增大，增幅亦在 50%左右。乔木在园林绿地中起到了骨架性的作用，乔木投影面积的增长除了乔木数量的增加，也反映了乔木自身生长量的变化，从一个侧面反映出园林中整体绿量的提高。此外，灌木的投影面积也稳步上升，从一定程度上反映出朝阳区在绿化中更为重视复层混交的群落构建。

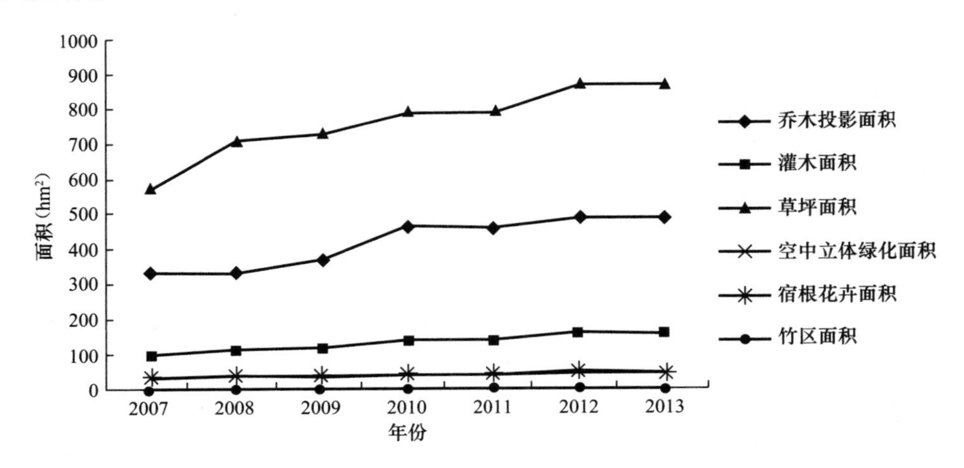

图 6-10　2007～2013 年朝阳区纳入评价系统的社区各类植物投影面积变化趋势

虽然乔木的覆盖面积在持续增加，但值得我们注意的是，这一增量结果的最大贡献者确是速生乔木树种（图 6-11）。速生树在快速实现园林景观效果以及构成城市绿化风貌中的优势作用不容忽视，但是由于其寿命也通常较短，大量应用必然导致绿化群落的稳定性差。寻求不同生长速度的树种以合理的数量进行搭配，营造稳定性强的植物群落，是未来城市园林树种规划、风景园林设计以及城市园林管理、社区绿化管理中，需从各个层面不断努力的方向。

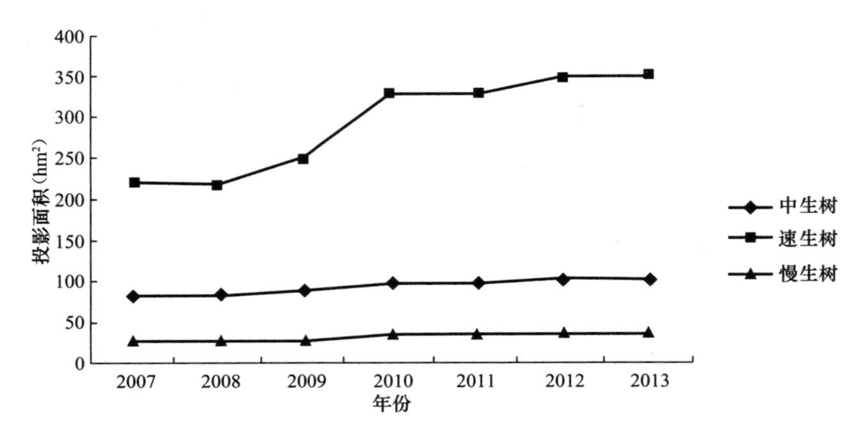

图 6-11　2007～2013 年朝阳区纳入评价系统的社区速生、中生和慢生树投影面积变化趋势

6.3.4　植物数量和结构的变化

绿化覆盖率的提升离不开植物数量的大幅度增加。朝阳区植物栽植数量逐年递增，按照系统的不完全统计，纳入评价的社区 7 年间植物种植的总数量增加了 17.5%（图 6-12）。

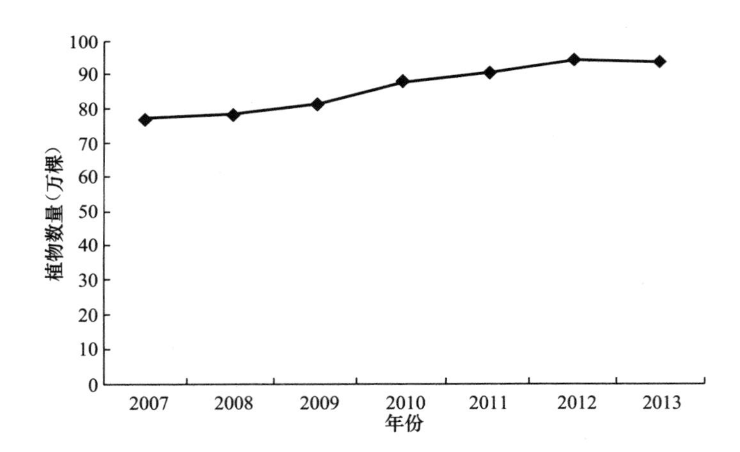

图 6-12　2007～2013 年朝阳区纳入评价系统的社区植物总数量变化

乔木和灌木作为整个园林绿地的骨架，其数量的变化是园林绿地建设情况的一个直观体现。朝阳区乔木和灌木的总体数量较高，反映出朝阳区整体较好的绿化风貌（图 6-13）。

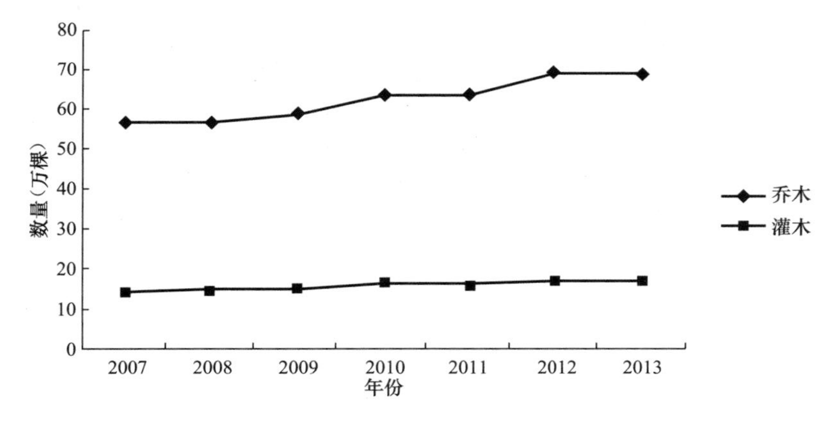

图 6-13　2007～2013 年朝阳区纳入评价系统的社区乔木、灌木数量历年变化趋势

从整体的种植量上看，纳入评价的社区通过 7 年的建设，乔木总量已经达到了近 70 万棵。落叶乔木的数量从 2007 年的 510643 棵增长为 2013 年的 600245 棵。常绿乔木也呈增加的趋势，虽然整体数量上与落叶乔木保持 1∶10～1∶8 之间的比例，但其增长率接近 40％，超过落叶乔木的增长率，体现了朝阳区树种结构上的明显变化（图 6-14）。

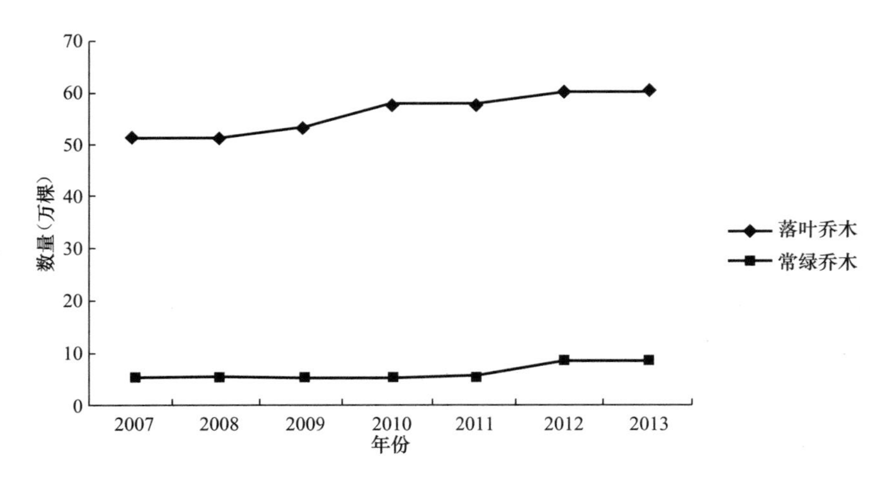

图 6-14　2007～2013 年朝阳区纳入评价系统的社区落叶与常绿树数量变化趋势

从树种生长类型上看，中生树占主导地位，其数量以年增长率 1.5％左右的速度增加，为朝阳区绿化的整体风貌打下了坚实的基础。慢生树的数量相对变化量不大，仅占到总数量的 8％左右。以杨树等为代表的速生树占到了朝阳区绿化的主体且增速明显，反映出朝阳区城市化建设的蓬勃发展需要速生树种尽快形成效果的现状，但也暴露绿化远期效益考虑不足的问题（图 6-15）。树种结构问题将是多层面研究和寻求改进的一个重大问题。

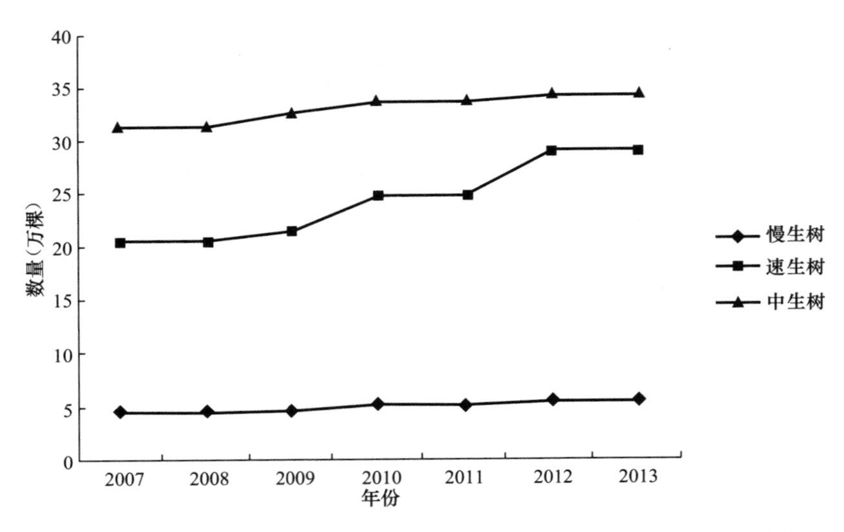

图 6-15　2007～2013 年朝阳区纳入评价系统的社区速生树、中生树和慢生树数量历年变化

6.3.5　绿地植物配置结构和方式的变化

纯绿化覆盖的指标的提升除了植物种类的调整，还有一个原因是绿地结构的合理化，体现在乔木、灌木和草本的栽植方式的变化上。乔木、灌木、草本的投影面积与整体绿地面积的比值一直较为平稳，从中可看出朝阳区的绿化建设是比较均衡的（图 6-16）。通过各个指标的控制，没有出现通过草坪铺设等盲目扩大纯绿地率、绿化覆盖率的情况。而是在评价体系的引导下，合理搭配植物层次，打造更好的社区绿化环境。

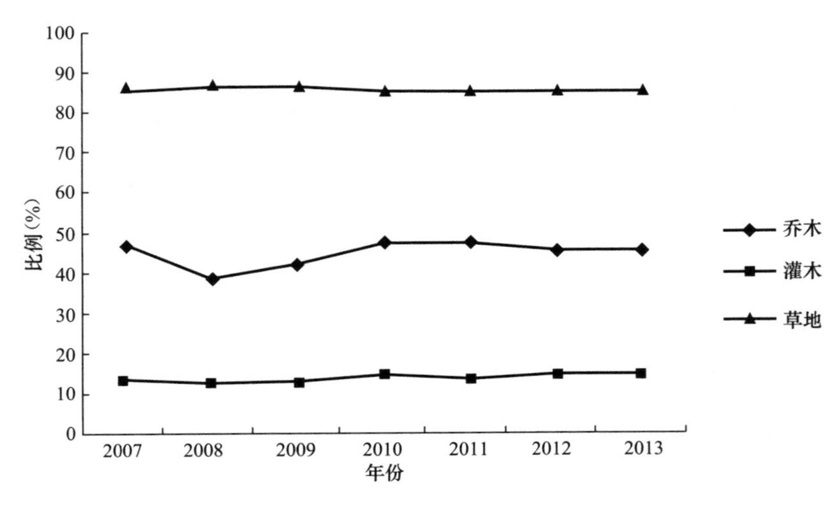

图 6-16　2007～2013 年朝阳区纳入评价系统的社区乔、灌、草投影面积在绿地中所占比例

6.3.6　人均纯绿地面积

随着朝阳区纳入社区绿化评价系统的社区数量不断增加，单从纯绿化面积的数值增量而言，提升是非常巨大的；但这其中，却没有考虑人口增长的因素。从纳入评价系统的社区的人均指标而言，2013 年人均纯绿地指标达到 3.85m^2/人，与 2007 年相比，具有显著的提升。

6.3.7　绿化三维量指标

绿化三维量是衡量绿化综合质量的一个指标。以纳入评价系统的社区为样本，绿化三维量的数值也是有了一个巨大的飞跃，增长幅度达到 52%（图6-17），这是整体绿化面积增加的结果。当我们分析社区单位面积的绿化三维量即地均三维量（图 6-18）和人均绿化三维量（图 6-19）时，也看到持续上升的趋势，特别是在 2008 年之后有了大幅的增加。

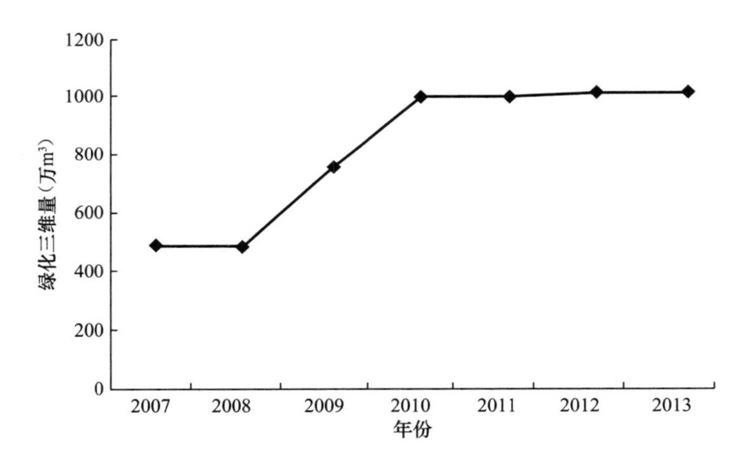

图 6-17　2007～2013 年朝阳区纳入评价系统的社区绿化三维量变化情况

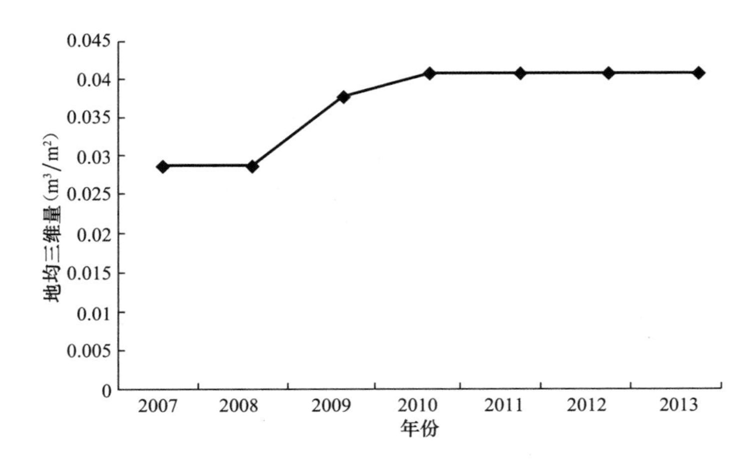

图 6-18　2007～2013 年朝阳区纳入评价系统的社区绿化地均三维量变化情况

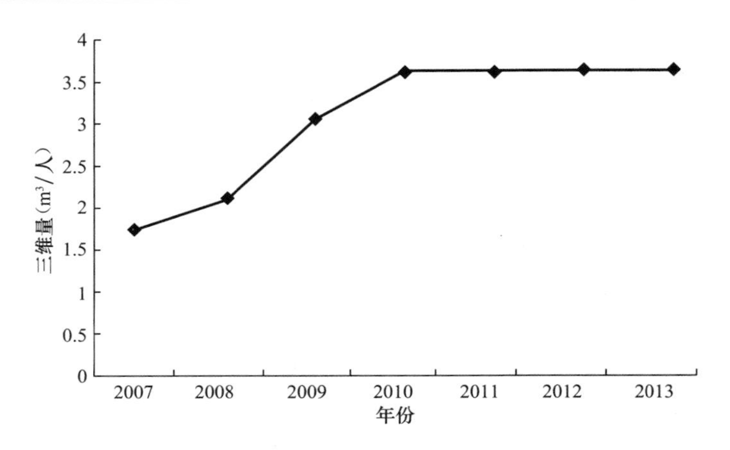

图 6-19　2007～2013 年朝阳区纳入评价系统的社区绿化人均三维量变化情况

三维绿量的本质是反映植物群落的结构层次。当为植物复层结构时，单位面积的绿量大于同样物种的单层结构，正因为其绿量大，叶面积总量大，通过其生理代谢等活动对环境产生的效益就大，这也是为什么园林绿化中鼓励在适宜的地方进行复层混交的配置方式。然而在我国之前的园林建设中，乔、灌、草比例结构不当的情况在社区绿化中普遍存在，比较突出的问题如草坪面积过大，导致社区绿地率、绿化覆盖率高，但绿量却不高，绿地的生态价值不高。朝阳区社区绿地三维绿量的提升，表明在社区绿化中已经大幅度进行了复层搭配，也必将使得园林绿地的生态效益得到更好的发挥（图 6-20）。当然，需要注意的是，社区绿地的功能不仅仅是生态效益的提高，还包括居民的使用功能，因此切忌追求单一指标，应因地制宜、科学合理地进行植物配置，才是根本目标。

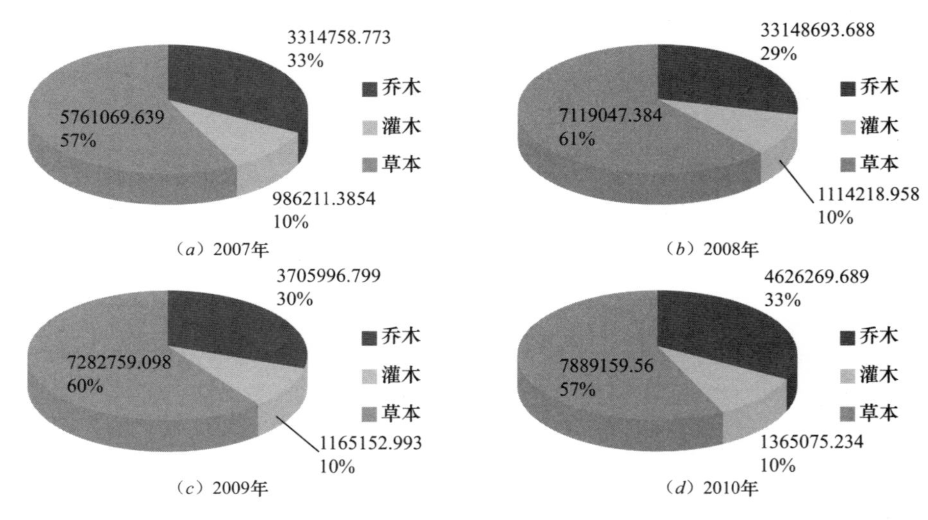

图 6-20　2007～2013 年朝阳区纳入评价系统的社区乔木、灌木投影面积及草地面积之间的比例（一）

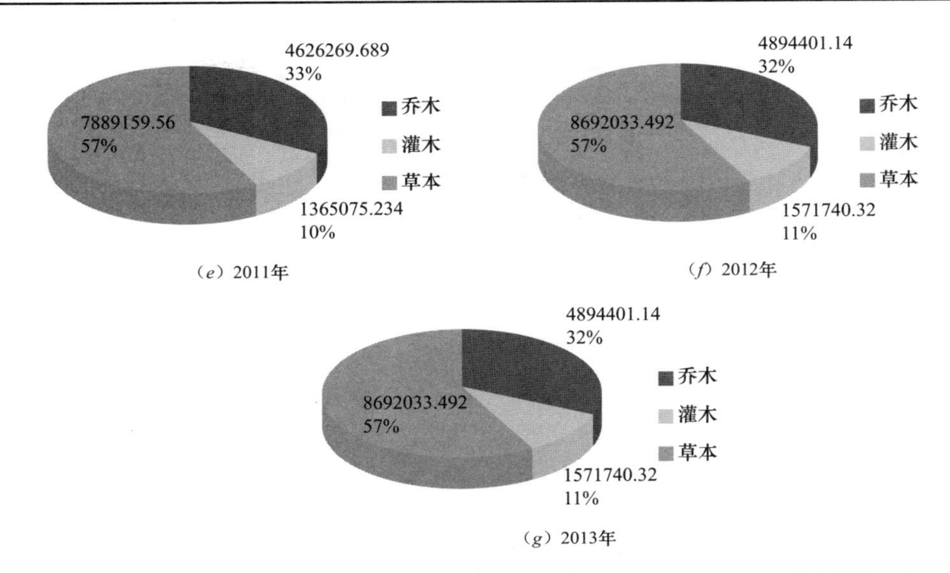

图 6-20　2007～2013 年朝阳区纳入评价系统的社区乔木、灌木投影面积及草地面积之间的比例（二）

6.3.8　植物多样性

6.3.8.1　植物种类的增加

植物种类多样性是景观多样性的基础，也是绿地实现各种效益的基础。对纳入评价体系的朝阳区的社区植物多样性相关指标进行分析，结果表明，在监测的这些年中植物种类有了显著的增加，从 2007 年的 233 种增加到 2013 年的 360 种，增长率达到 35.3%（图 6-21）。乔木从 79 种增加到 118 种，其中落叶乔木种类从 73 种提高到 109 种，常绿乔木从 6 种增加到 9 种，灌木种类则从 53 种增加到 99 种，增加尤为显著（图 6-22）。

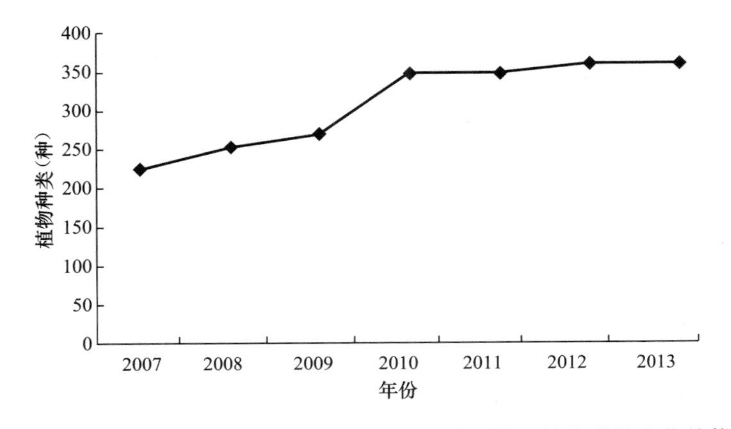

图 6-21　2007～2013 年朝阳区纳入评价系统的社区植物种类变化趋势

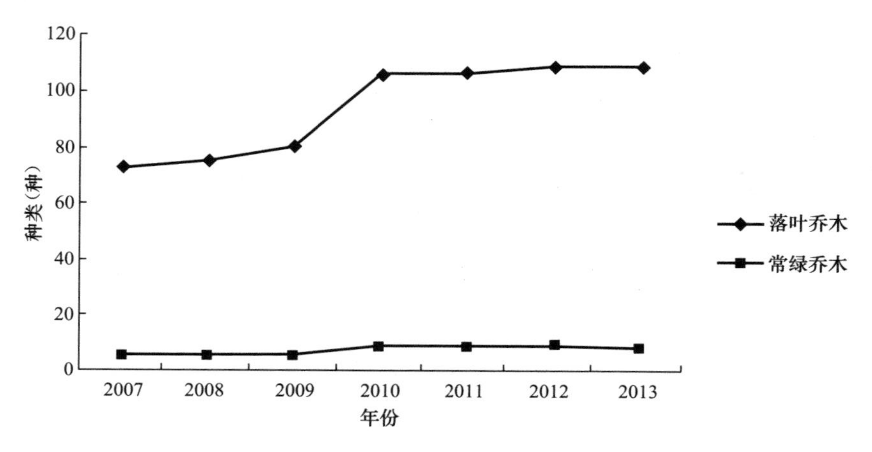

图 6-22　2007～2013 年朝阳区纳入评价系统的社区落叶乔木与常绿乔木种类历年变化情况

从乔木的生长类型上看，速生树种从 50 余种增加到 70 多种，增幅显著；慢生树和中生树的数量增加较少（图 6-23）。速生树种类的增加与数量的大幅增加相一致，如前文所述，这其中隐藏着物种结构不良带来的隐患，需要在未来的绿化建设中给予重视。

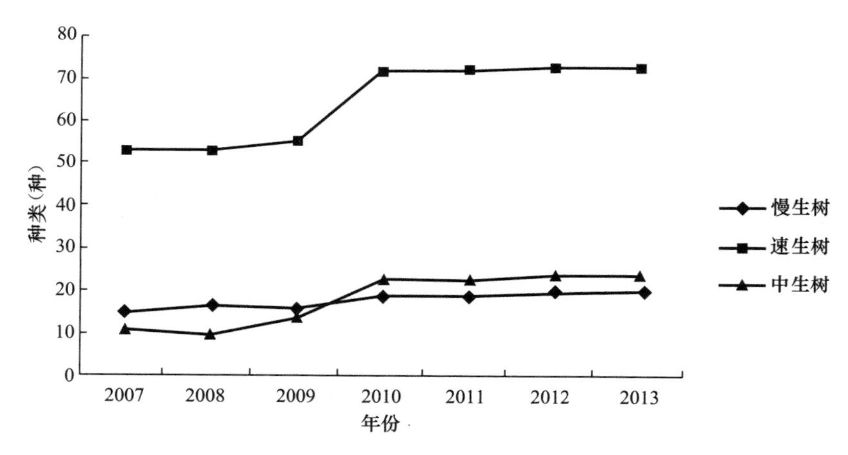

图 6-23　2007～2013 年朝阳区纳入评价系统的社区速生树、中生树、慢生树种类变化情况

特别值得一提的是，在过去多年的绿化建设中，我们热衷于引进国外的园林植物品种，尤其是借 2008 年北京奥运会的契机，引进了大量的新优植物种类或品种（图 6-24、图 6-25），极大地丰富了社区绿化的形式，提升了景观效果。但是分析的结果也反映出，乡土植物种类的增加却非常有限。良好的植物多样性水平，不仅要物种丰富，也需具有合理的外来物种和乡土植物的比例，乡土植物资

源以其适应性强、具有地域特色的独有优势，应该在今后的园林绿化建设中得到足够的重视。

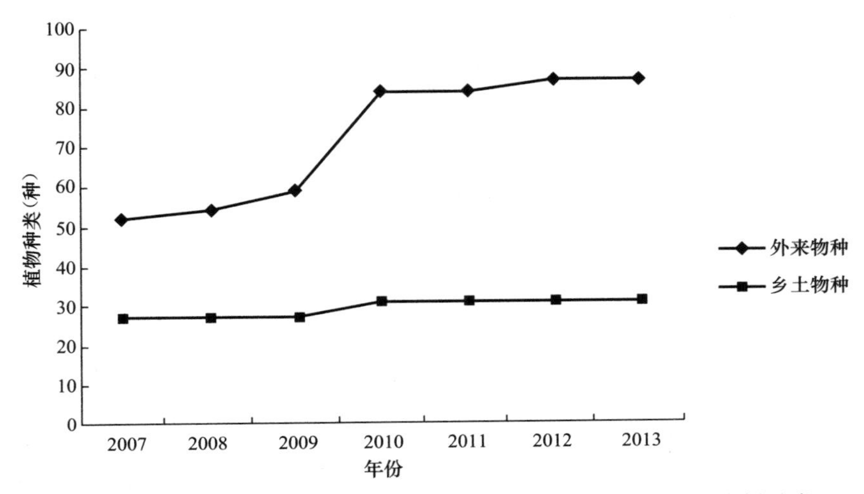

图 6-24　2007～2013 年朝阳区纳入评价系统的社区乡土树和外来树种类

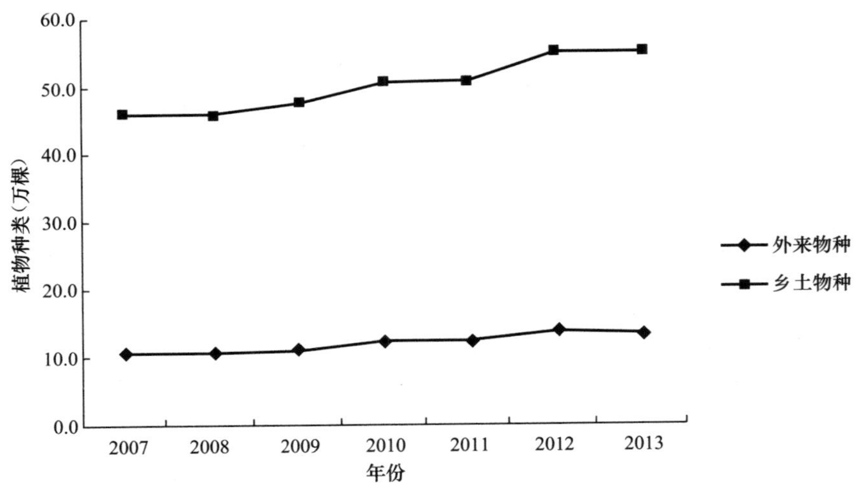

图 6-25　2007～2013 年朝阳区纳入评价系统的社区乡土树和外来树数量

6.3.8.2　植物出现频度

植物出现频率是指某种植物出现的社区数量占纳入评价的总社区数量的百分比。分析结果表明，毛白杨（*Populus tomentosa*）、加杨（*Populus canadensis*）、绦柳（*Salix matsudana* f. *pendula*）、国槐（*Sophora japonica*）、臭椿（*Ailanthus altissima*）、银杏（*Ginkgo biloba*）、油松（*Pinus tabuliformis*）、紫叶李（*Prunus cerasifera* 'Pissardii'）、碧桃（*Amygdalus persica* 'Duplex'）、侧柏（*Platycladus orientalis*）以及圆柏（*Juniperus chinensis*）在 90%以上的社区中

都有应用；特别是圆柏、银杏，不仅出现频度高，种植数量也非常巨大，是构成朝阳区社区绿化结构的一个重要的基调树种（图 6-26）。在应用频度居前的树种中包括圆柏、侧柏、油松等常绿树，以及银杏等秋色叶树种，紫叶李、碧桃等春花植物，同时紫叶李还是常年异色叶植物。从高频使用的植物中可以看出，朝阳区社区使用的绿化植物多样，以乡土树种为主，同时兼顾了四季景观效果。

在使用频度较低的植物中，有大量观赏性良好的树种，从植物的多样性及丰富度上体现出不同社区绿化特色的差异性（表 6-4）。

朝阳区纳入评价系统的社区绿化植物出现频率 **表 6-4**

出现频度 f	树种
90～100	圆柏、国槐、侧柏、银杏、臭椿、毛白杨、紫叶李、绦柳、碧桃、加杨、油松
70～90	龙柏、二球悬铃木、栾树、龙爪槐、小叶白蜡、刺槐、玉兰、白蜡、海棠
50～70	西府海棠、石榴、雪松、柿子树、青杆、元宝枫、悬铃木、白皮松、旱柳、梧桐、樱花、榆树、杜仲、枣树、香椿、樱桃、钻天杨、毛泡桐、合欢
10～50	杏树、刺柏、泡桐、油桃、桑树、紫叶桃、核桃、水杉、山桃、枫树、山楂、美桐、青桐、馒头柳、矮樱、梨树、无花果、华山松、桧柏、北京杨、蝴蝶槐
＜10	白杆、火炬树、北京丁香、云杉、丝绵木、河北杨、洋白蜡、构树、桃树、李、黄金树、七叶树、紫叶矮樱、杜梨、千头椿、苹果树、鹅掌楸、栗子树、毛桐、马褂木等

国槐、侧柏、臭椿、毛白杨、紫叶李、绦柳、碧桃、加杨、二球悬铃木（*Platanus acerifolia*）、油松、龙爪槐（*Sophora japonica* f. *pendula*）、栾树（*Koelreuteria paniculata*）和小叶白蜡（*Fraxinus bungeana*）等用量也有较多的提升（图 6-27）。从应用频度较高的树种的数量变化趋势来看，整个朝阳区的绿化开始往提高冬季景观效果、丰富季相变化、提高城市彩化三个方向发展，符合北京市园林绿化“增彩延绿”的大趋势。

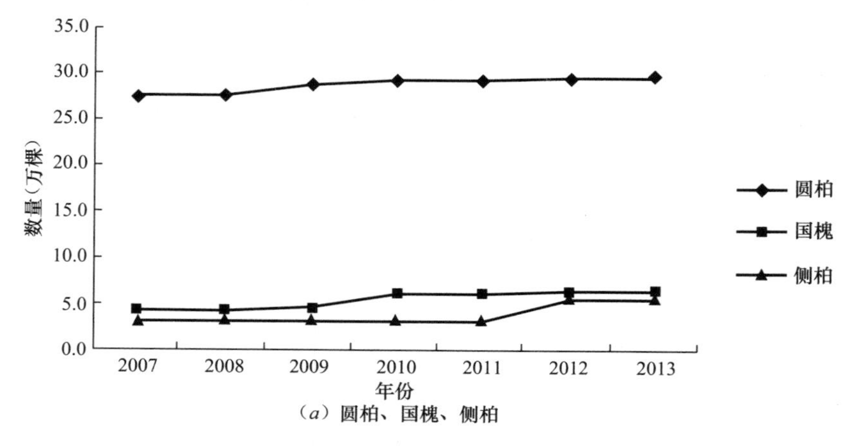

（*a*）圆柏、国槐、侧柏

图 6-26　2007～2013 年朝阳区出现频率最高的 15 种树数量变化情况（一）

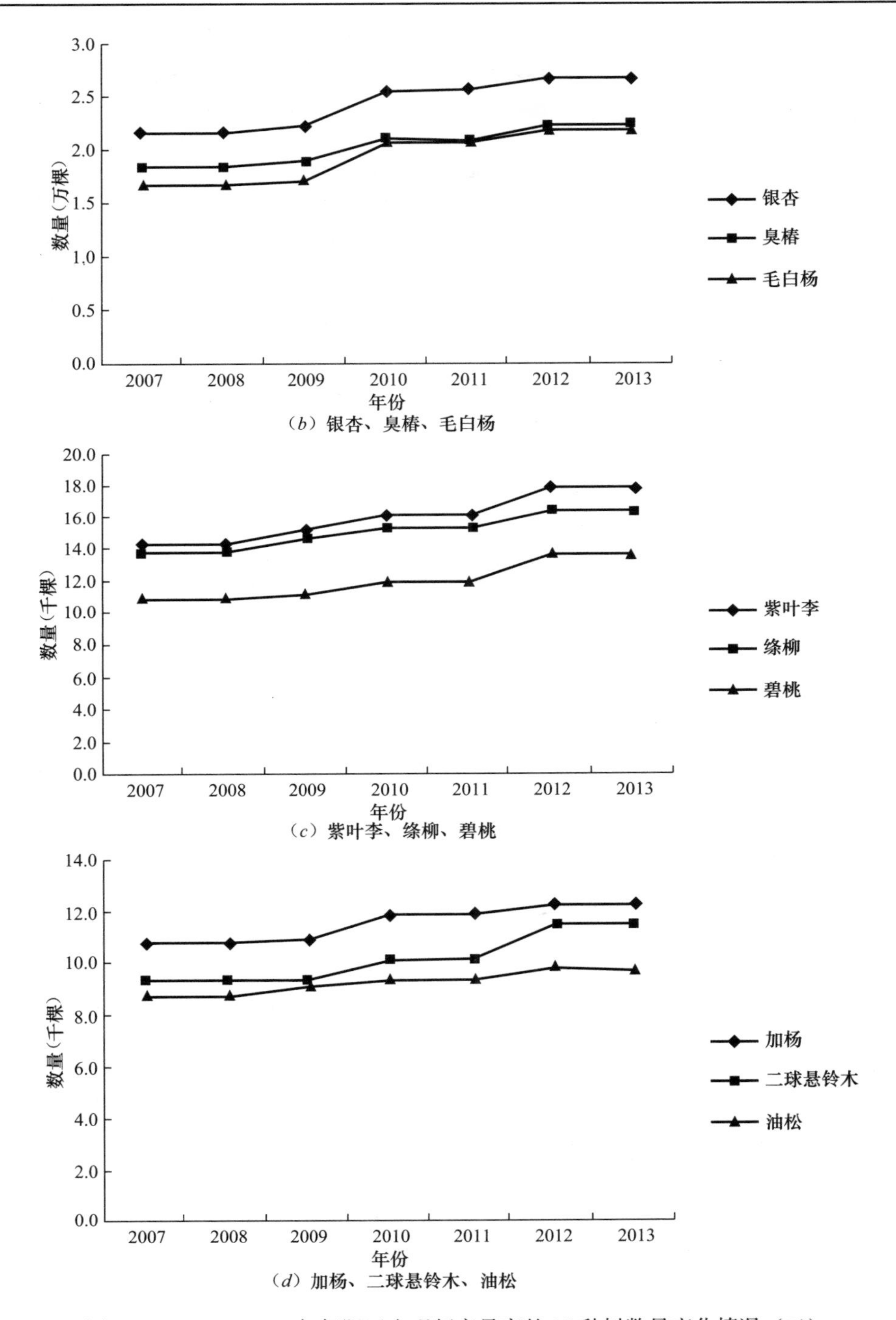

图 6-26　2007～2013 年朝阳区出现频率最高的 15 种树数量变化情况（二）

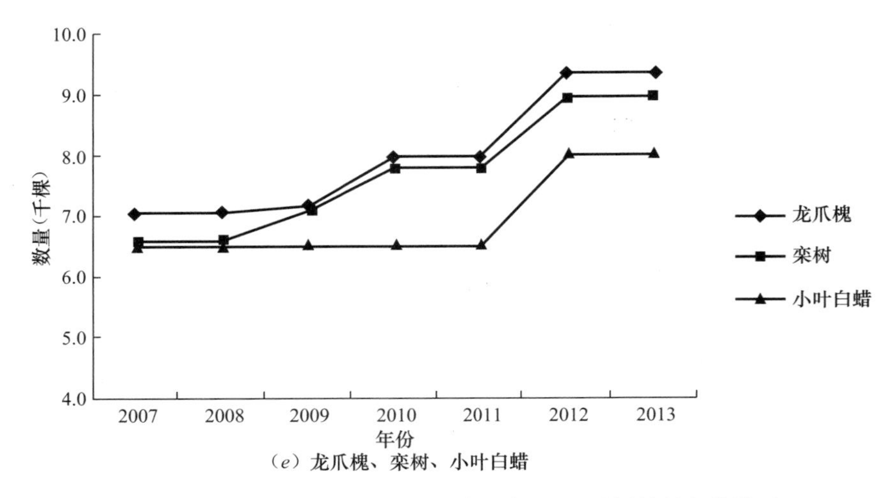

（*e*）龙爪槐、栾树、小叶白蜡

图 6-26　2007～2013 年朝阳区出现频率最高的 15 种树数量变化情况（三）

6.3.9　植物生长状况指标变化

从朝阳区整体的管理得分看，平均分一直保持在良好的等级（≥32 分）以上，2007 年得分为 34.45，2013 年提升为 35.31 分，保持稳中有进。

从植物种类的养护水平上看，乔木类、灌木类的管理得分一直保持较好水平，相对薄弱的是草坪和宿根花卉、竹类的管理。

从不同建成时间的小区上看，城市社区比城郊社区的植物养护管理得分高；2000 年后新建社区比老社区的管理养护得分高出 0.2 分左右，后者尤其在灌木及草坪地被植物的管理上得分较低。成熟社区的养护管理水平一直保持良好，同时每年以 0.1～0.3 的分数递增，体现了整个管理体系确实促进了社区绿化管理积极性的提高及管护水平的提升。

综上所述可以看出，朝阳区数量化社区绿化管理的评价体系，不仅仅是对社区绿化进行打分排序，而且依托强大的数据库，可以从多个角度对绿化相关数据进行分析，从而便于管理者真正认识绿化实际情况，并准确分析其问题，为城市绿化建设的规划、设计、建成及维护管理等决策提供坚实的支持，也为行业和学界针对相关问题进行深入研究提供平台。

6.4　朝阳区社区绿化数量化评价基础数据的更新

为了使得社区绿化数量化管理系统持续发展，社区绿化的摸底普查和数据更新是非常重要的工作。这一社区绿化管理的基础性工作所涉及的数据庞杂，只有准确及时地掌握社区范围内绿化树木与绿地的相关信息，才能更有针对性地指导和管理社区绿化的建设与维护。

在社区绿化基础数据的摸底普查工作中，多以政府聘请专业数据普查公司的形式进行，需要投入大量的人力与物力。如果在此后的管理过程中，定期的数据更新还采取这种方法，则成本更高，且操作难度大，效率低下。如何对这种专门专项的管理“大动作”加以改进与完善，使之成为社区绿化日常管理的一部分，可以更为灵活便捷地开展且能及时发现问题、纠正问题，是朝阳区数量化管理以来一直在探索的难点问题。

数据库的更新可以有多重途径。在互联网思维深刻影响社会的今天，这一难题通过设计相应的终端软件系统得以解决。开发一款用于植物基础数据更新的智能手机应用软件，利用社区绿化管理员更新信息，实现与数据库信息的交互。在操作方面，首先由巡查人员在日常社区绿化巡查过程中将所管辖区域内新增或减少的植物，通过此软件以更为快捷简便的方式记录其相关信息，并上传至系统数据库，然后，定期经由管理技术人员汇总并核实情况确认树种后，随时进行数据的更新处理（图 6-27）。当然，这需要对巡查员进行相应的技术培训，以便其采集的信息客观、正确，同时管理技术人员的核实也保障了这一过程的可信度。

为了这一目的，可在朝阳区城市监管现有的掌上终端设备上，开发一款用于植物基础数据更新的智能手机应用软件，用于采集绿化信息的增量和变量，通过数据记录、定位及拍照记录的方式上传到平台中。

数据更新的内容包括绿地实体的点、线、面特征，特别是涉及绿地面积、位置以及绿化特征、管理对象等属性信息的变化。对于新增、扩大、缩小、变形等不同类型的绿地实体的空间变化类型及其他附属属性信息，在系统中以新建、唤醒、修改以及取消的方式实现时空数据动态更新。

按照朝阳区网格化数据的方式，不同网格、不同社区配置相应规模的管理员，在日常巡查的过程中，与数据库既有绿化图纸进行详细比对，记录绿化空间属性的变化、植物种类的变化、数量增减以及生长状况的变化。

利用这一系统还可以调动民众参与绿化植物基础数据更新，继而实现及时有效地监测绿地情况，达到系统地、科学地对现有城市绿地进行管理的目的，随时随地了解植物的动态，实现对社区内每块绿地每棵树木情况的跟踪与更新。将社区绿化管理更新与智能手机应用软件技术相结合，成为实现低成本、智能化、数据化的社区绿化管理新手段。

通过这一更新系统，极大地节省了社区绿化定期摸底普查工作所造成的人力、物力资源浪费，在降低成本的同时还可尽量减少和避免大规模性的管理工作对社区居民日常生活的干扰。巡查人员在日常管理中随时发现绿化变更情况并记录信息上传系统，这在一定程度上确保了数据库信息更新的时效性、便捷性。而巡查人员发现、上传，技术人员核实、更新的方式也使得每一个数据信息的准确性大大提高。对绿化树木分层分种的信息记录，也有利于日后根据需要从数据库调取数据计算各社区绿化整体情况或单项绿化水平，极大提高信息获取的针对性与准确性。

植物基础数据更新系统是社区绿化数量化管理的一部分，是全面实现社区数量化、社会化管理的重要基础。城市环境相关管理部门通过管理手段的创新与加强，在各社区之间建立积极有效的竞争机制，激励他们从自身利益和改善区域乃至整体生态环境的角度出发，积极投入到绿化工作中来，实现以管理监督来促进社区绿化建设的新思路。

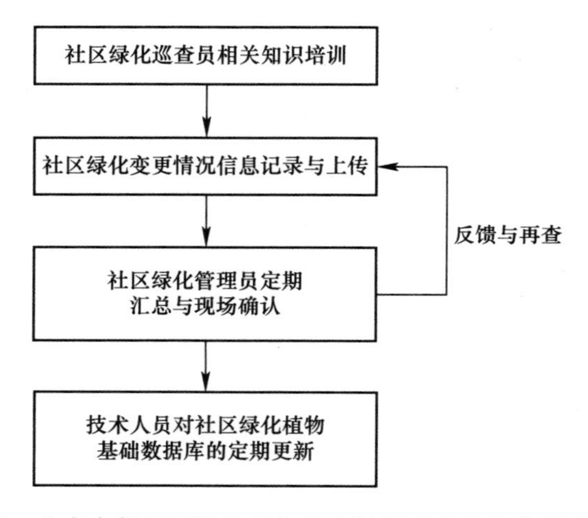

图 6-27　北京市朝阳区绿化植物基础数据更新系统数据采集流程

第7章　社区绿化精细化管理板块开发——以门前三包责任单位绿化数量化管理为例

“门前三包”是我国在城市市容市貌管理方面独具特色的管理制度。门前三包绿地不仅是社区绿化的一个重要组成部分，而且由于各个责任单位的门前绿化对于市容市貌有着直接的影响，因此也是门前三包环境质量评价的重要组成部分。“门前三包”其中一项主要内容就是包划定责任区内的绿化种植和养护管理。目前，国内关于门前三包方面的研究主要集中于建立有效的管理机制，促使各责任单位注重单位门前环境的管理与维护，直接从绿化管理的角度进行研究的较少。依托朝阳区社区绿化数量化管理的系统，我们进行了朝阳区门前三包绿化评价体系的构建和实施，既是对朝阳区“门前三包”数字化管理模式的进一步补充和完善，也是社区绿化向精细化管理延伸的具体举措。从城市管理者的角度，借助数量化的评价体系，以评促建，以评促管，是极有意义的探索，事实也证明是卓有成效的举措。

7.1　北京市门前三包的概念、范围

《北京市“门前三包”责任制管理办法》，明确了门前三包的责任、应遵守的规定和门前三包划定范围等内容。《北京市市容环境卫生条例》确定本市实行市容环境卫生责任制度，单位和个人应当做好市容环境卫生责任区内的市容环境卫生工作。《北京市城市绿化条例》规定城市绿化管理工作实行专业管理和群众管理相结合，机关、团体、部队、企业事业单位负责本单位用地范围内和门前责任地段的绿化及其管理维护；鼓励单位利用门前空地种植花草树木，提倡发展垂直绿化。这些为建立“门前三包”绿化数量化管理提供了政策和法律支持。

7.1.1　门前三包的概念

为提高城市管理水平，创造清洁、优美的城市环境和良好的社会秩序，遵循专业管理和群众管理相结合的原则，根据《北京市“门前三包”责任制管理办法》，各单位承担“门前三包”责任包括如下三个方面：

（1）包环境卫生：负责划定的责任区内环境整洁，清扫地面，清除痰迹、污物、废弃物和积水积雪，制止随地吐痰、乱扔乱倒废弃物和乱贴乱挂。

（2）包绿化：在划定的责任区内，按照园林管理部门的规划布置，种植并管

护树木花草，维护绿化设施。

（3）包社会秩序：在划定的责任区内，不乱堆乱放杂物，不乱设摊点，不私搭乱建，不乱停车辆。发现其他单位或者个人违反规定的，或者发生打架斗殴等违反治安管理规定的，有权予以劝阻、制止，并应当向有关行政管理部门报告。

7.1.2 门前三包的范围

按照《北京市“门前三包”责任制管理办法》对各单位“门前三包”责任区划定：

（1）各单位“门前三包”责任区，由所在地街道办事处或者乡、镇人民政府划定。其中地处城市道路两侧临街的单位，其责任区是本单位临街一侧房基线（有护栏或者围墙的，从护栏或者围墙起算）至便道道牙；无便道的，至道路中心线；无毗邻单位的，从本单位四周房基线起算（有护栏或者围墙的，从护栏或者围墙起算）。

（2）各单位“门前三包”责任区内有经批准的集贸市场、停车场、存车处和零散摊位等的，由集贸市场、停车场、存车处的管理单位和零散摊位的经营者按照批准或者规定的范围，承担相应的责任。

朝阳区城区在门前三包的绿化管理中，主要评价和管理对象为道路两侧临街的单位，其责任区为包括该单位临街一侧房基线（有护栏或者围墙的，从护栏或者围墙起算）至便道道牙；无便道的，至道路中心线。各责任单位门前三包范围划定后，在社区数量化评价系统的大框架下，构建适合于门前三包的绿化评价体系，以鼓励各单位自主绿化和维护管理，积极参与城市绿化美化建设。

7.2 门前三包区域绿化的特殊性

在进行评价研究之初，为了对门前三包绿地有全面的了解，我们进行了实地调查，发现与一般的城市绿地相比，门前三包责任范围内的绿地有其特殊性。

门前三包区域内的绿地大多位于道路两旁，不同地段绿化区域的土壤、温度、光照等立地条件存在较大的差异，常有植物出现倒伏、病虫害等症状，甚至死亡（图 7-1）。植物生长立地条件的差异，造成了不同责任单位门前绿化质量水平的参差不齐。各责任单位的经营性质和三包区域面积的大小也影响着其绿化质量，而车流、人流集散在很大程度上又限制了门前绿地大小和植物的养护状况。

许多门前三包的绿化条件与道路绿化条件相似，面积较小，土层薄，不适于植物生长发育。绿地常受到人、车的踏压等，导致绿化种植区域植物种类偏少，常用乔、灌木不过 10 余种，种植结构简单且缺乏层次感及季相变化，灌木多以色块形式栽植，形式单一，季节性变化单调，整体景观差。

图 7-1　门前三包区域内植物生长立地条件差

各单位对门前绿化管护投入的财力、人力不一，许多责任单位对于门前三包区的绿化管理意识不强，造成大部分植物的养护管理粗放，甚至出现部分绿化被严重破坏的情况（图 7-2）。也有的单位有意或无意地破坏或占用门前三包区的绿化用地。

图 7-2　门前三包绿地管理粗放

综上所述，责任单位门前三包区域多位于城市道路的两侧（包括人行道），受交通条件影响大；不同性质和经营类型的单位，人流量变化大；部分单位所处区域、地段和地形特殊，使得其门前绿化形式也呈现出复杂性，如大型购物中心为面状绿化，临街的小商店为点状绿化，道路交叉口可能没有任何绿化。门前三包绿地相对其他城市绿地而言，有性质功能多样、景观需求多样、限制因素多样等多重特点，其绿化既要考虑生态效益、景观效益，又要考虑交通等其他功能性需求，因而城市门前三包绿化评价需将这些复杂性考虑进来。

7.3　门前三包区的绿化类型

建立评价体系，还需对门前三包绿化的类型进行全面的了解。在调查基础上，参考数量化社区绿化评价的数据采集标准，按门前三包区域绿化用地面积的大小和基本绿化栽植形式，可将门前三包的绿地类型分为四类，即点状绿化、线形绿化、面状绿化和立体绿化，之后将进行分别评价。

7.3.1　点状绿化

点状绿化以单棵成列栽植的行道树为主。采用这种绿化类型的绿化面积小，或基本没有能用于绿化的地块，栽植树种单一，如单位门前仅有几个树池，栽植行道树，且树池的土壤多裸露，缺乏灌木或草本植物的搭配。针对个别门前不具备可用于绿化地块的情况，责任单位可采用门前摆放盆栽植物，或结合建筑外墙设置简易的小型植槽种植草本植物，以改善、装饰门前绿化状况。

7.3.2　线形绿化

线形绿化多以乔木搭配灌木、草坪、地被植物的形式出现（图 7-3），具有一定的绿化面积，绿化地块多呈长条状或带状。这类绿化形式常结合单位门前的人行道绿化，设置一定宽度的绿化带，种植大叶黄杨、紫叶小檗等色叶灌木，铺设草坪或地被植物，以提高单位门前绿化覆盖率。在交通、人流分散的路段，采用乔、灌、草搭配种植，植物种类较点状绿化丰富，但形式相对单一；在人行道狭窄或交通、人流集中的路段，多采用乔、草搭配的树池种植，植物种类相对较少。

图 7-3　门前三包绿化的带状和块状绿地

7.3.3　面状绿化

面状绿化通常面积较大，植物种类相对丰富，常用乔、灌、草结合的种植方式，形成一定的群落层次和季相变化，充分发挥植物的生态效益。采用这种绿化类型的责任单位有较大的绿化区域，如大型购物中心、医院以及学校等。部分责任单位于节假日再采用花坛、花带装饰，搭配色叶和观花灌木，丰富三包范围内绿化形式，各种季节性草花的应用在美化环境方面起到了其他元素不可替代的作用。

7.3.4　立体绿化

少数的门前三包区域内的绿地在点状、线形或面状绿化的基础上增加立体绿化（图 7-4）。立体绿化能充分利用责任单位门前三包的竖向空间，提高绿化区域中小的责任单位的整体绿化率，改善、美化门前的环境，是许多小单位学习、借鉴的绿化手法。

图 7-4　门前三包区域内利用墙面进行的垂直绿化

7.3.5　嵌草铺装

嵌草铺装也叫草皮砌块路面，是在混凝土预制块或砖石的孔穴或接缝中栽培草皮，使草皮免受人、车辆踏压的路面铺装，一般用于园路、广场和停车场等场所（图 7-5）。与硬质铺装相比，嵌草铺装材料既能形成具有一定覆盖率的草地，还具有降低城市热岛效应，补充地下水等多样的生态功能；同时又可以当作“硬”地使用，满足人行、车行的荷载要求，达到绿化与使用两不误。朝阳区门前三包

图 7-5　嵌草铺装及临时性盆花摆放

单位的责任范围内，嵌草铺装的应用形式主要包括块料间留缝隙种植草和采用植草砖两种，使用量较大的为空穴式植草砖。

7.3.6 临时性绿化景观

有的单位门前绿化面积较小或几乎无绿化，但随着季节的变化有临时性的植物摆放，如盆栽、花篮等，在有限的条件中提升了门前绿化的景观效果，值得鼓励。

7.4 门前三包责任单位绿化质量评价体系

7.4.1 门前三包责任单位绿化质量评价框架

朝阳区城市监督管理中心在出台针对门前三包责任单位的数量化绿化板块时，评价指标除了之前的绿化和生长的指标外，还针对性地设置了只有在门前三包区域才会出现的一些量化指标，保证了整个评价体系的公平性和科学性，同时通过客观公正的数据采集以及标准化、数量化的评价和排名，在各责任单位之间建立良性竞争机制，有效地调动了门前三包责任单位的绿化及养护积极性，并起到促进单位主动进行绿化的目的，共同创造清洁、优美的城市环境和维护良好的社会秩序。

因此，门前三包绿化质量的评价重点为绿化指标、植物生长指标和附加指标。绿化指标主要用于评价门前三包区域内的固定或永久性的绿化，也采用纯绿地率、纯绿化覆盖率、绿化三维量等；以植物的生长状况来反映人为管理的水平；附加指标主要用于评价嵌草铺装和临时摆放的绿化形式，以起到鼓励自主绿化、提高公众参与城市绿化工作的积极性。整个评价体系包括 3 个二级指标和 9 个三级指标（图 7-6）。

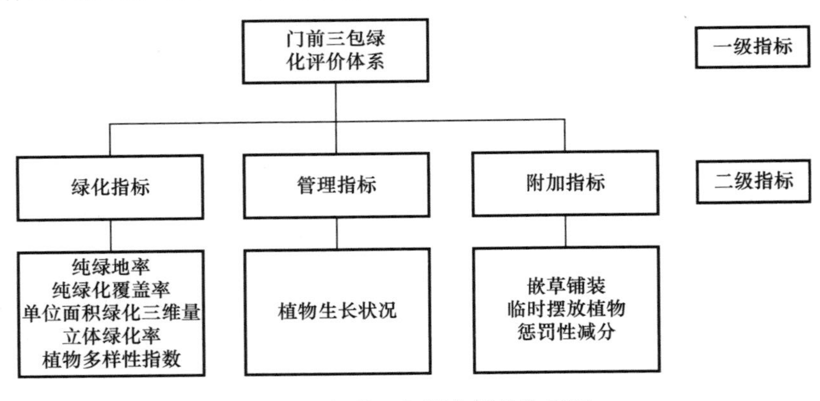

图 7-6 门前三包绿化评价体系图

7.4.2 门前三包责任单位绿化质量评价指标及其评价标准

7.4.2.1 绿化与管理指标与数量化社区管理系统保持一致

门前三包的绿化质量评价在绿化指标和管理指标上与社区绿化的数量化管理基本体系是一致的，包括指标的定义及计算方法。其主要区别点在于附加指标的设定，其中包括嵌草铺装、临时性摆放植物以及惩罚性减分三个方面，充分体现了该评价模块的精细性、灵活性和针对性。

7.4.2.2　针对性构建附加指标体系

门前三包责任单位绿化具有复杂性与特殊性，各单位因立地条件、经营性质和状况、周围交通人流等，造成绿化水平差异显著。大部分绿化类型多以点状和线形的方式出现，少见面状绿化和立体绿化。为了提高责任单位门前的绿化质量、丰富植物种类、改善植物生长立地条件，加强单位的管理意识和自主绿化意识，鼓励其他形式的绿化，针对门前三包的具体环境和实地踏查的情况，增加附加二级指标，包括“嵌草铺装”及“临时摆放植物”两个奖励性指标和一个惩罚性指标。惩罚性指标是对影响门前三包绿化质量的事件进行记录，如自行车乱停乱放、私占绿地、张贴小广告等。附加指标参照管理指标对实地情况进行记录，但不纳入权重计算，而是通过附加分的形式纳入每个单位最后的综合评分。附加指标计算时，嵌草铺装和临时摆放植物得分相加，换算为 5 分制，直接加到总分中，没有该绿化形式的单位不进行加分；惩罚性指标以事件每发生一次减 1 分计入。

附加指标的评分标准如下：

（1）嵌草铺装

嵌草铺装在门前绿地指标受限的情况下有助于改善门前环境，提高责任单位的绿化面积，提高纯绿地率和纯绿化覆盖率。考虑嵌草铺装在应用场地和维护方面的一些难度，对该指标的评价设置了整齐度、覆盖度和长势三个具体指标，评价细则见表 7-1。

朝阳区门前三包绿化嵌草铺装评价标准等级　　**表 7-1**

嵌草铺装			评分
整齐度	A	植株生长非常整齐有序，分布均匀	10
	B	植株生长整齐有序，分布较均匀	8
	C	植株生长较有序，铺装内有小面积空缺	6
	D	植株生长一般，铺装内有大面积空缺	4
	E	植株生长差，铺装内空缺严重	2
覆盖度	A	覆盖率 90%以上	10
	B	覆盖率 70%～90%	8
	C	覆盖率 50%～70%	6
	D	覆盖率 30%～50%	4
	E	覆盖率 30%以下	2
长势	A	长势非常好	10
	B	长势好	8
	C	长势一般	6
	D	长势较差	4
	E	死亡	2

（2）临时摆放植物

在实地调查中，有的单位门前绿化面积较小或几无绿化，但随着季节的变化有临时性的植物摆放，如节假日的盆栽、花篮等，丰富门前绿化形式。本研究将这种灵活的绿化类型设为附加指标，增加门前三包绿化评价的可比性和系统性。考虑调查员个人主观评价因素的影响，从类型、造型和长势对临时摆放植物进行给分，确保一定的客观性（表7-2）。

朝阳区门前三包绿化临时性摆放植物评价标准等级　　**表7-2**

临时摆放植物			评分
类型	A	大型盆栽	10
	B	中型盆栽	8
	C	小型盆栽	6
	D	迷你型盆栽	4
造型	A	造型新颖，独特，运用2种以上植物，与周围环境协调	10
	B	造型美观，大方	8
	C	造型一般	6
	D	造型较差	4
	E	造型凌乱，无美感	2
长势	A	长势非常好	10
	B	长势好	8
	C	长势一般	6
	D	长势较差	4
	E	死亡	0

（3）惩罚性减分

根据《北京市“门前三包”责任制管理方法》，各单位的三包责任除了包绿化，还要包环境卫生和社会秩序。《北京市城市绿化条例》规定严格控制临时占用城市绿地，禁止下列损坏城市绿化及其设施的行为：就树盖房或者围圈树木，在绿地和道路两侧绿篱内设置营业摊位，在草坪和花坛内堆物堆料，在绿地内乱倒乱扔废弃物，损坏草坪、花坛和绿篱，钉拴刻画树木、攀折花木，及其他损坏城市绿化及其设施的行为。

责任单位门前的环境卫生和社会秩序对门前的绿化有一定的影响，如单位门前有废弃物、污水、任意摆放的自行车等，将直接影响绿化地块中植物的生长状况；单位私占绿化、在行道树上晾晒衣物、钉钉刻画，或在行道树或其他植物材料上任意张贴的小广告，不仅有损植物生长，还破坏门前环境，甚至影响到周围其他单位的门前环境，损害城市的整体绿化形象。为了有效减少这种破坏性事件的发生、强化各责任单位对门前三包绿化的养护和管理意识，有以下损害绿化的事件发生的责任单位进行减分（表7-3），事件每发生一次减1分。

朝阳区门前三包绿化惩罚性减分事项　　**表 7-3**

事件	代号	事件描述
拴	A	行道树上晾晒衣物或拉绳做他用，每发生一处作为一事件
钉	B	行道树上钉钉，每枚钉子作为一事件
刻画	C	破坏行道树，以锐器或颜料对树体造成伤害或影响美观
自行车乱停放	D	自行车停靠于植物材料之上，每 3 辆作为一事件
私占绿地	E	绿化用地挪作他用，每处作为一事件
小广告	F	植物材料上每处小广告作为一事件

7.4.2.3　朝阳区门前三包绿化质量评价权重体系

参考数量化社区绿化管理评价体系，结合各责任单位的实际绿化情况，本着科学性、可比性、实用性等原则，具体按照“三多一好”原则来确定权重。“三多”是指绿地多、绿化层次多和绿化的物种多；“一好”指单位门前三包范围内绿地养护状况良好。这几方面做得好的责任单位门前三包绿化质量相应较好，反之则较差。对不同权重方案排名进行了分析后，筛选出最能反映实际绿化质量的一套权重指标（表 7-4）。

朝阳区门前三包绿化评价指标权重方案　　**表 7-4**

指标类别	指标名称	指标权重
管理指标（0.5）	植物生长状况	0.5
绿化指标（0.5）	纯绿地率	0.1
	纯绿化覆盖率	0.15
	立体绿化率	0.05
	植物多样性	0.05
	单位面积绿化三维量	0.15

7.5　门前三包绿化数据的采集、计算及更新

7.5.1　门前三包绿化数据的采集

门前三包数据的采集方式与数量化社区管理评价体系一致，使用数据采集工作表进行实地数据采集（附录 B），并结合图纸进行实地标注。后期将各类植物的类别、数量、株高、冠幅、分布等多种基础信息录入 GIS 数据库并制成图层集。

门前三包模块的特别点在于附加值的计算，在嵌草铺装和临时摆放植物评价细则中，A 计 10 分；B 计 8 分；C 计 6 分；D 计 4 分；E 计 2 分；拴、钉、刻画、自行车乱停放、私占绿地和张贴小广告的事件，每发生一次减 1 分。

7.5.2 门前三包绿化评价系统构建

门前三包绿化评价系统的构建从硬件到软件与数量化社区绿化管理评价系统一致，保持延续性和兼容性。

7.5.3 门前三包绿化评价指标计算

所有绿化数据从数据库直接提取，保证准确性；管理指标由门前三包范围内所有植物的生长状况得分总和与门前三包范围内植物计量总数的比值确定，两者的计算方法及公式与数量化社区管理评价体系无异。

7.5.3.1 附加指标的计算

附加值都为事件性指标，总分是鼓励性加分和惩罚性减分计算后的得分之和。计算时，鼓励性加分为嵌草铺装和临时摆放植物两项的总分，换算为5分制（最高5分），直接加到总分中；惩罚性减分对责任单位有破坏门前绿化现象的事件直接扣分，事件每发生一次记为−1分。

附加指标得分 = 鼓励性加分 + 惩罚性减分 (7-1)

鼓励性加分 = 嵌草铺装得分与临时摆放植物得分总和 /12 (7-2)

惩罚性减分 = 各种破坏门前三包绿化事件的累计减分 (7-3)

7.5.3.2 数据的标准化处理

门前三包的各项指标均属于特征值越大越优的指标，同样采用模糊数学中查德目标绝对优属度公式进行标准化。根据实际调研和反馈数据分析，确定各个指标的最大和最小值分别如下：

纯绿地率	max = 50.00%	min = 0.00%
纯绿化覆盖率	max = 50.00%	min = 0.00%
单位面积绿化三维量	max = 100.00%	min = 0.00%
立体绿化率	max = 4.00%	min = 0.00%
植物多样性指数	max = 2.00%	min = 0.00%

考虑责任单位门前三包区域的特殊性与复杂性，本评价体系的各项指标不呈开放状态，每项指标均设置上限，以尽量减少实际调查中的人为误差，并权衡出现极值的情况。各指标的上限值如下：

纯绿地率：20%；

纯绿化覆盖率：20%；

单位面积绿化三维量：$15m^3/m^2$；

立体绿化率：10%；

植物多样性指数：10种。

7.5.3.3 门前三包绿化数量化管理评价得分

对各个进行了数据标准化处理后的指标数据，按照其在整个指标体系中占有的权重的大小，运用加权平均的公式进行最后的处理，得到每个责任单位最后的得分，再按照得分的多寡进行降序排列。

7.5.3.4　数据发布

网络数据平台系统采用 j2ee 技术，使用 oracle9i 数据库，地图由 ArcIMS 发布。发布平台分为绿化首页、评价排名和绿化信息三大块，可自由选择参数进行单位名次排列以及查阅单位门前三包绿化的详细资料。网络数据库对政府、研究机构和公众三方实现数据共享。

第8章 北京市朝阳区社区绿化数量化管理意义的延伸

北京市朝阳区社区绿化数量化评价体系的建设是以朝阳区城市管理监督指挥中心作为建设主体而进行的，其初始宗旨是结合数字城市的建设和全模式社会管理，对城市管理从目标上实现社会化，从手段上实现精细化。社区绿化的数量化评价针对支撑人居环境的重要内容——城市绿化而展开，其与人口管理、社会治安管理等相提并论，期望在社区的层面上，依托于绿化基础数据库，对社区绿化进行全方位评价，促进政府各个层面对绿化的针对性管理，同时激发社区自治、居民自治，激发全社会生态文明建设的意识及投身城市生态环境建设的主观能动性。

但是，这一项目所产生的意义并非仅仅停留于此，项目基础数据分析所提供的宏观和微观数据、项目评价结果，以及大数据时代对这些信息进行深层次的分析、应用和潜在价值的挖掘等，都必然对整个城市的建设以及政府专业主管部门、行业领域的实践以及学术界具有重大的意义，也将产生深远的影响。

8.1 促进政府加强城市绿化的建设

城市绿化作为城市的绿色基础设施，虽然不同于自然界的森林、草地等生态系统所承担的支持、生产、调节等与人类生存息息相关的生态系统服务功能，但也是城市生态安全的主要承担者。基于此，在城市建设中，要求根据城市人口、规模、产业特征等规划适宜的绿地指标，来改善城市生态环境并为居民提供舒适宜居的生产和生活境域。社区绿化数量化管理系统所建立的城市绿化的基础数据库，实时更新的功能及全方位、多层次分析评价的功能，为城市绿地的规划布局发挥着重要的支撑作用，使得政府的规划、建设和管理有可能朝着更为精准化、科学化的方向发展。例如以该社区绿化评价的平台为例，借助全区的评价结果，我们可以发现在绿地的整体布局、植物种类的应用等多项指标上出现了哪些问题，从而有针对性地在未来城市的建设中进行纠正和改善。

从导向性上看，数量化的管理通过对海量数据的挖掘，可以发现绿地营建、管理中的问题，通过与公众、学者的三方合力，可以为城市绿化和社区绿化的政策法规、城市绿地的营建及发展方向提供正确的决策依据。

8.2　促进园林绿化科学研究和行业发展

促进学术界和行业对于高质量城市绿地建设中所面临的问题进行深入研究和实践探索。大数据时代的到来，给社会带来了革命性的影响，改变了从政府到公众的思维方式，其更为注重事物之间相关关系的并联思维。大数据的发展障碍在于数据的流动性和可获取性。我国与国外相比，在数据的可获取性和获取途径上有着相当大的差距。朝阳区建立绿化基础数据是十分重要的举措。通过大数据的挖掘，对城市生态环境的研究会更为科学、宏观、全面。首先，这一具备海量数据的平台，必将成为科学研究的重要支持。其次，其评价结果所反馈的问题正是园林绿化学术界和行业所要关注的方向，因为高质量的城市绿化，除了在城市规划层面上满足了基本的绿地指标之外，还与许多因素有关，如植物种类的选择、不同类型和种类的物种的构成、物种多样性与栖息地建设、植物配置方式、高绿量的群落营建方式，以及植物景观营造的科学性、艺术性、实用性、经济性等等，都需要在绿化评价所反馈出来的问题的基础上进行深入的探索。

我国当前正处于快速的城市化进程，其所面临的生态危机前所未有，空气污染、水体污染、土壤污染、生境破碎和生物多样性下降等，城市建设的错误做法带来的洪涝灾害频发与水资源短缺越来越严重等等，诸如此类的问题已经成为国家经济持续健康发展、人民生活福祉继续提升的巨大挑战；而这些问题的应对需要进行扎实的基础性的研究，这需要精准的数量化的基础信息作为支撑。

8.3　作为科普教育的平台，促进社区和居民自治

绿化是涉及每个居民福祉的城市环境要素。通过数量化社区绿化管理系统，可实现各个社区的绿化数据采集和客观评价。通过客观公正的数据采集以及标准化、数量化的评价和排名，在社区之间形成竞争机制，激励各个层面从自身利益出发，积极投入到绿化工作中来；同时，真正地从“政府管树，市长管树”逐渐转变为“百姓管树”，从根本上转变绿化管理的机制，从而极大地推动城市绿化管理的社会化进程，同时提高城市绿化的水平和风貌。

政府通过数量化管理系统，将数据通过数据平台进行公开，首先实现的是对公众的科普，提升公众对于城市绿化的关注度和认知度，可以通过实时绿地数据查询、植物认知、简单的植物养护管理常识等，拉近数据平台与公众的距离，让公众了解身边的一草一木。同时借助平台开辟相应的科普板块，进行相关的园林介绍、园林文化普及、生态文明宣教；针对城市绿化的热点问题，如 PM2.5、碳汇以及湿地等热门词汇进行专题讲解。

8.4 作为绿地更多效益评价的基础

依托于社区绿化数量化管理而建立的基础数据库及其更新系统和评价技术体系的建设，对未来城市绿化的综合功能评价奠定了基础。

综上所述，在实现正确监管和不断完善的基础上，我们相信朝阳区建立的社区绿化数量化评价系统将会为北京的城市绿化发展发挥越来越广泛的作用，同时也对其他地区起到示范带动效益。

参考文献

[1] Ahern J. Greenways as a planning strategy [J]. Landscape and Urban Planning，1995，33 (1-3)，131-155.

[2] Benedict M A，McMahon E. Green infrastructure：linking landscapes and communities [M]. Island Press，2006.

[3] Fabos J. Greenway planning in the United States：its origins and recent case studies [J]. Landscape and Urban Planning，2004，68 (2-3)，321-34.

[4] 城市居住区规划设计规范（GB 50180—93）[S]. 2002.

[5] Hurlbert S. H. The non-concept of species diversity：a critique and alternative parameters [J]. Ecology，1971，52：577-586.

[6] Magurran A. E. Ecological diversity and its Measurement New Jersey [M]. Princeton University Press，1988.

[7] 朝阳区城市管理监督指挥中心. 北京朝阳区“门前三包”数字化管理模式 [J]. 中国建设信息，2007，08：41-43.

[8] 车克欣. 北京市“数字城管”发展现状及构想 [J]. 城市管理与科技，2003，5 (4)：151-153.

[9] 陈平. 北京东城区城市管理新模式 [J]. 地球信息科学，2006，8 (3)：1-6.

[10] 仇保兴. 中国数字城市发展研究报告 [M]. 北京：中国建筑工业出版社，2011

[11] 邓其胜. 加强技术创新，为新世纪北京建设城市大园林服务 [EB/OL]. http://www.bjbpl.gov.cn，2002.

[12] 邓小军，王洪刚. 绿化率、绿地率、绿视率 [J]. 新建筑，2002，6：75-76.

[13] 黄力. 柳州市城市绿化管理系统的开发 [J]. 柳州职业技术学院学报，2005，5 (2)：85-88.

[14] 李东泉，刘晓玲. 城市社区数字化管理 [M]. 北京：中国人民大学出版社，2009.

[15] 李林. 数字城市建设指南（上）[M]. 东南大学出版社，2010.

[16] 李诗华，文波，叶根生. 浅谈深圳城市园林绿化数字化管理 [J]. 现代园艺，2012 (15)：63-64.

[17] 梁嘉琳. 环保部环境规划院课题组：城镇化与环境污染矛盾将越发尖锐 [N]. 经济参考报，2011-09-19 (7).

[18] 刘德儿，闾国年，兰小机，等. 城市基础地理数据库更新机制研究 [J]. 大地测量与地球动力学，2010，2 (30)：155-159

[19] 卢智婷，林慧敏，邹镰钊. 广州市“数字绿化”仿真应用的城市园林景观三维可视化技术研究 [J]. 测绘与空间地理信息，2013，4：047.

[20] 潘萍，韩润生，常河. 基于GIS的城市园林绿化管理信息系统应用研究 [J]. 国土资源遥感，2009，21（4）：105-109.
[21] 潘萍. GIS在城市园林绿化中的研究及应用 [D]. 昆明理工大学，2008.
[22] 邱晓华，王金波. 建设生态片林，完善管理机制，北京朝阳区绿化有新意 [N/OL]. 中国花卉报，http://news.china-flower.com/paper/papernewsinfo.asp? n_id=180898，2005-03-24.
[23] 任海，简曙光，张征，等. 数量化植物园的理论与技术思考——以华南植物园为例 [J]. 热带亚热带植物学报，2004，12（5）：489-494.
[24] 任志儒. 数字化城市管理模式研究 [M]. 北京工业大学，2007
[25] 宋丽萍，佘光辉. 深圳城市绿化管理信息系统的设计 [J]. 南京林业大学学报：自然科学版，2003，27（1）：59-62.
[26] 孙晓萍，蔡晓彤，陈亮，等. 杭州市城市绿地养护网络化管理探讨 [J]. 浙江农林大学学报，2011，28（5）：753-760.
[27] 宋艳华. 浅谈数字化城市管理与城市绿化管理 [J]. 世界家苑，2012（5）.
[28] 王博. 黑龙江省森林植物园树种信息管理系统的建立 [D]. 东北林业大学，2006.
[29] 汪光焘. 运用现代科技提高城市管理水平——在全国数字化城市管理现场会上的讲话 [J]. 建设科技，2005（14）：8-9.
[30] 王宏伟. 浅谈数字城市建设 [J]. 科协论坛，2009（7）.
[31] 王康，权键，张佐双. 北京植物园植物信息数字化管理的初步实现 [J]. 中国园林，2006，21（11）：76-78.
[32] 王阗，宋丽萍. GIS在深圳城市绿色管理中的应用 [J]. 南京林业大学学报：自然科学版，2002，26（3）：31-34.
[33] 王逸群，甘赖莉，王洁. 西安市数字化园林绿化管理系统构建模式 [J]. 陕西林业科技，2013（2）：70-73.
[34] 王兆喜，方伟. 城市公共管理的新课题——数字化城市管理建设 [J]. 苏南科技开发，2007（7）：50-52.
[35] 温平川、武建军、谢青，等. 社区管理信息化应用技术规范研究 [M]. 人民邮电出版社，2011.
[36] 吴人韦，付喜娥. 绿色基础设施概念及其研究进展综述 [J]. 国际城市规划，2006（5）：67-71.
[37] 修文群，等. 数字化城市管理 [M]. 中国人民大学出版社，2010.
[38] 谢应忠. 生物多样性的生态学意义及其基本测度方法 [J]. 宁夏农学院学报，1998，19（9）：14-20.
[39] 杨赉丽. 城市园林绿地规划 [M]. 中国林业出版社，1995.
[40] 杨宏山，皮定均. 合作治理与社会服务管理创新 朝阳模式研究 [M]. 中国经济出版社，2012.
[41] 杨士弘. 城市绿化树木碳氧平衡效应研究 [J]. 城市环境与城市生态，1996，9（1）：37-39.
[42] 阅彩霞，秦俊，胡永红. 上海市嵌草型铺装的初步研究 [J]. 中国园艺学会观赏园艺专

业委员会 2008 年学术会议，2008.
[43] 周春玲. 北京市居住小区绿化的生态效益和美景度研究 [D]. 北京林业大学，2003.
[44] 郑国. 国内外数字化城市管理案例 [M]. 中国人民大学出版社，2009.
[45] 中华人民共和国住房和城乡建设部. 数字化城市管理工作简报（第 59 期）[N/OL].
[46] 张静，艾彬，徐建华. 基于主因子分析的生态社区评价方法研究——以上海外环以内区域为例 [J]. 生态科学，2005，24（4）：339-343.
[47] 张庆费，夏檑. 上海城区主要交通绿带木本植物多样性分析 [J]. 中国园林，2000（1）：72-75. http://www.mohurd.gov.cn/csgl/zcfu/gzjb/201110/t20111026_206899.html，2009-06-29.
[48] 朱钥，汪浩渊，梁慧. 上海"数字绿化"的起步与发展 [J]. 上海城市管理职业技术学院学报，2004，13（1）：56-59.

附　　录

附录 A　北京市朝阳区社区绿化数量化评价现场工作手册

由于涉及的调查范围广，数据量大，人员较多，操作时为了尽量减少出现主观偏差，在调查时应对相关调查人员进行先期的培训，以便更好地理解整个评价体系的构架、各指标的意义及调查的方法，尽量避免人为因素对整个评价结果的干扰。

A.1　流水编码赋予

格式：A1-A999999。“A”为小组号，“1”-“999999”为流水号。

要求：同一调查区域所有图纸表格不能出现重复编码。

具体实施办法：每日结束要记录当日最后编码，第 2 天继续顺延。

例：B32 为该调查区域内 B 组所做第 32 个部件。

注义：(1) 同一调查区域如没完成流水编码按小组顺延。

(2) 同一图幅部件范围内属性相同或质地均匀的要做在一个流水编码内。

A.2　测绘标识笔使用

颜色区分部件，在试点普查中发现各调查区域内很多绿化部件无法在图上给予表示，只能使用点、线标绘；故对不同部件使用专用色笔。

(1) 图上不能构成面的部件，只能用线、点表示的用紫色；出现 2 种或多种混种的加上浅蓝色，2 个或多个部件邻近要使用紫色及浅蓝色区分。

(2) 乔木全为点，专为绿色及粉色。

(3) 草地专色为蓝色，嵌草铺砖采用浅绿色。

(4) 其余需要面状部件利用蓝黑与橙色，两个相邻的面要用蓝黑及橙色区分。

(5) 黄色为禁止使用颜色。

(6) 改错专色为红色。

A.3　记录规范

(1) 调查区域完整名称、图幅号、普查员、记录员及普查日期必须完整填写。

(2) 换图幅后要换新空白表格填写，不可同一表内出现多图幅号。

（3）流水编码要完整地按印刷体填写。

（4）所有绿化树种的名称要正楷填写，不得草书连笔。

（5）多棵乔木内有单个或少数死亡树、缺失树（和原图对比）要单独赋予流水编码并标注相应属性。缺失树只有流水编码，名称填写："空"，其他属性用长直线划掉。

A.4 职责分工

每个测绘小组由绘图员、记录员、测量员组成。普查时所有人员要互相协调及配合。每日普查前，按组分好图纸，互有交接的地方认清责任关系。做好前期准备，计划好调查路线。

（1）组长职责：协调组员对该组所分配到的任务统筹计划。保证质量及精确度，及时上报所属组出现的各种问题，并协调、负责内业人员对外业测绘人员的工作评价。

（2）组员职责：做好组长分配的工作任务，做到对工作流程熟练操作，保证工作质量及部件的精确度，及时发现问题并向组长报告。

1）绘图员：每天绘图，对责任单位复杂度要上报组长。

2）记录员：不知名树种拍照，特征要清晰，上报组长。部件评价细节要明确。

3）测量员：乔木：棵数/胸径/冠幅/株高。

灌木：面积/冠幅/宽度/长度/高度。

草坪/花卉：面积/长度/宽度。

（3）负责人职责：协调内外业衔接，协调外业测绘人员与所测绘地方管理部门之间关系，解决证件、证明问题。处理突发事件、解决在外业工作中出现的问题。解决外业人员生活及后勤问题。与组长协调并对组员的工作质量进行评价考核。对组长的工作进行考核。

A.5 工作流程

使用测量工具：GPS、测距仪、皮尺、卡尺、标杆等。

A.5.1 点状部件

（1）单棵乔木、灌木，绘图员在图上按实地情况精确点出位置，标注流水编码并告知记录员，通知测量员测量各项属性。.

（2）测量员测量出树高、胸径、冠幅（单位：m，精确到小数点后 2 位）并告知记录员。

（3）记录员记录流水编码、树种、胸径、树高及冠幅，对该乔木的树冠、分枝点、内膛及叶片正常率进行评价，该 4 项评价分 A、B、C（优、良、差）三级。例：某乔木评价细节为 BCBA＝良差良优。对该乔木的长势分 A、B、C、D 四个等级，即进行评价并在表格相应位置填上。

（4）单株大型灌木，有明显主干的按乔木测量。

（5）D代表已死亡。死亡树木只赋予流水编码和名称，长势填“D”，其他栏目为空。

A. 5. 2　线状部件

（1）多棵同种类乔、灌木（如行道树等），标图员在图上按实地情况精确点出各树的位置并将各树用线连接，标注流水编码，且在流水编码后的括号内记录株数并告知记录员，同时通知测量员测量各项属性。

（2）测量员测量出平均树高、平均胸径、平均冠幅（单位：m，精确到小数点后2位），数出株数并告知记录员。

（3）记录员记录流水编码、树种、胸径、树高、冠幅及株数，并对该乔木群的树冠、分枝点、内膛及叶片正常率进行综合评价，该四项均为A、B、C三个等级。对该乔木的长势（A、B、C、D四个等级）进行评价并在表格相应位置填上。

（4）D代表已死亡。死亡树木只赋予流水编码和名称，长势填“D”，其他栏目为空。

A. 5. 3　面状部件

（1）灌木丛

1）绘图员在图上找到准确的位置后，构出完整、精确的形状，标注流水编码并告知记录员，同时通知测量员测量该灌木丛的面积；从测量员处获得面积信息后记录在流水号后。

如果面状部件为球形，按例子标注：d112（8，r=0.5）；d112为流水编码，8为棵数，r=0.5m为半径。单棵格式为：d112（0.5）此标注法默认括号内为半径，棵数为1。

如果为长方形或长条形，按例子标注：c998（6，20×0.3）；c998为流水编码，6为棵数，20m×0.3m为长×宽。

2）测量员测量出面积、高度。如该灌木丛是规则形状，则测量出长、宽、高（矩形）以半径、高（圆）后告知记录员。

3）记录员记录该灌木丛的面积、植物名称，对该灌木丛的株型、修剪、枝叶及造型进行细节评价，评价等级均为A、B、C三个等级。对其长势（A、B、C、D四个等级）进行评价。

4）如有面积较小或者宽度过小、复杂度过高的部件，应在图上标注放大图流水号：＊XX，并在A4纸上按1∶100或1∶50的比例做出形状并记录图幅号。

（2）草坪及花卉

1）绘图员对草坪要参照实地在图上精确详细地构面、标注流水编码、告知记录员记录，并通知测量员测量其面积或能算出其面积的各参数。

草坪及花卉标注按规范：f18（120×5）；f18 为流水编码，120m 为长，5m 为宽。

2）测量员测出该草坪面积或能计算出其面积的各个参数并告知记录员。

3）记录员记录名称、流水编码并对草坪和花卉进行细节评价，评价其整齐度、覆盖度及色泽，评价等级均为 A、B、C 三个等级；同时对其长势（A、B、C、D 四个等级）及杂草量（C 代表有，不填代表无）进行评价。

A.5.4　覆盖系数

（1）树冠垂直投影超过草坪的乔木、灌木须在备注中用符号标明；树冠垂直投影不超过绿地边界的，覆盖系数栏记："0"；1/4 超出，覆盖系数栏记："0.25"；1/2 超出的，覆盖系数栏记："0.5"；3/4 超出，覆盖系数栏记："0.75"；树冠垂直投影位于绿地边界外的或覆盖小于 1/4 记"1"。

（2）草坪、草本地被等覆盖度记为 1。

A.5.5　绿化三维量测量

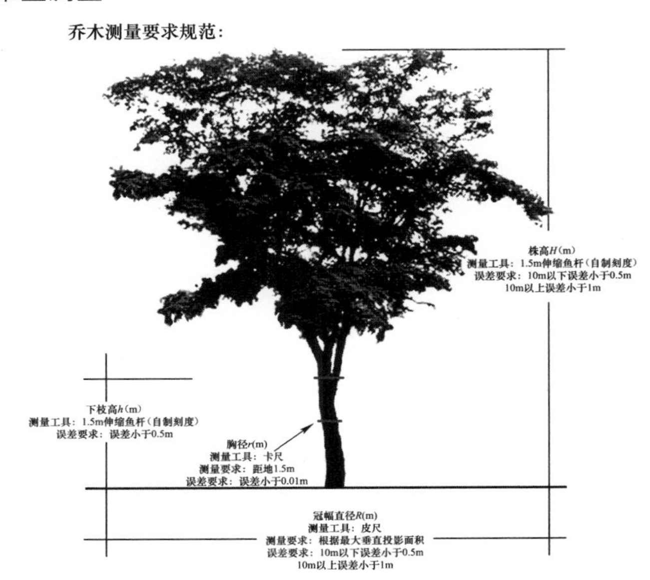

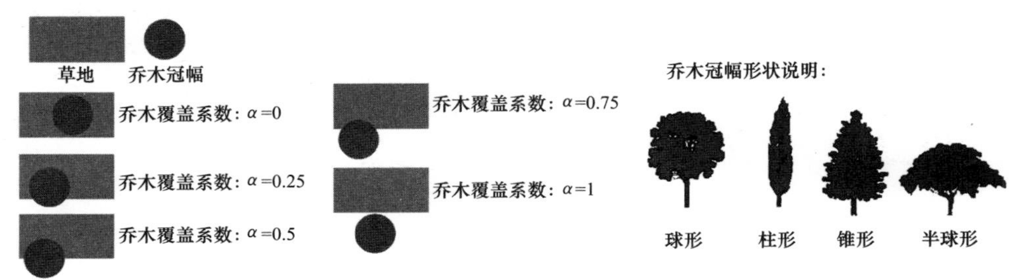

附图 A-1　乔木测量要求图

灌木测量要求规范：

面积S（m^2）
测量工具：GPS，皮尺
误差要求：面积误差小于5%

草地、花卉、竹测量要求规范：

面积S由GIS自动生成，普查误差在5%以内

株高h（m）
测量工具：皮尺
误差要求：误差小于0.1m

附图 A-2　灌木与草地、花卉、竹类测量要求图

A.5.6　注意事项

（1）多种乔木杂生在一起的要把各树种分开标注与记录。

（2）准备 A4 白纸若干，对部件较集中的在图纸上标注流水编码并在 A4 纸上按 1∶100 或 1∶50 比例勾画部件，并标注长宽或者其他能精确其面积的信息。

（3）原图没有的部件要详细精确地在图上作出。

（4）充分利用部件比，如井盖、建筑物、周边草坪、树木来确定所画部件在纸图上的准确位置。重点查看有无增减量（原图部件缺失或增加）。

（5）注意查看其他占用绿化面积的设施，如公交车站等。

（6）高度小于 3m 的乔木（非规划树种）不计入计算。

附录 B　北京市朝阳区社区绿化数量化评价现场工作表

社区绿化普查表——乔木　　　　**附表 B-1**

组别：　　社区名称：　　图幅号：　　普查员：　　记录员：　　普查日期：

流水码	名称	树冠	分枝点	内膛	叶片	长势	株高（m）	胸径（m）	冠幅/直径（m）	下枝高（m）	超出度（0～1）	形状	近照编号	远照编号	备注

社区绿化普查表——灌木　　　　**附表 B-2**

组别：　　社区名称：　　图幅号：　　普查员：　　记录员：　　普查日期：

流水码	名称	株型	修剪	枝叶	造型	整齐度	长势	株高（m）	长度（m）	宽度/半径（m）	种植方式	近照编号	远照编号	备注
												DSC0	DSC0	
												DSC0	DSC0	

社区绿化普查表——草地　　　　**附表 B-3**

组别：　　社区名称：　　图幅号：　　普查员：　　记录员：　　普查日期：

流水码	名称	整齐度	覆盖度	色泽	长势	杂草	长度（m）	宽度（m）	覆盖系数	近照编号	远照编号	备注

社区绿化普查表——宿根花卉　　　　**附表 B-4**

组别：　　社区名称：　　图幅号：　　普查员：　　记录员：　　普查日期：

流水码	名称	造型	色泽	长势	整齐度	株高（m）	长度（m）	宽度（m）	覆盖系数	近照编号	远照编号	备注

社区绿化普查表——竹　　　　**附表 B-5**

组别：　　社区名称：　　图幅号：　　普查员：　　记录员：　　普查日期：

流水码	名称	株型	枝叶	造型	长势	整齐度	株高（m）	长度（m）	宽度（m）	棵数	近照编号	远照编号	备注

社区绿化普查表——立体绿化（垂直/空中）　　　　**附表 B-6**

组别：　　社区名称：　　图幅号：　　普查员：　　记录员：　　普查日期：

流水码	空间位置	名称	株型	修剪	枝叶	造型	长势	长度（m）	宽度（m）	高度（m）	近照编号	远照编号	备注

附录C　北京市朝阳区社区绿化数量化管理相关科研成果

Characteristics of the landscape trees in Chaoyang District, Beijing China①

HAO Peiyao[1]; DONG Li[1*]; PI Dingjun[2]

1 Dept. Landscape Architecture, Beijing Forestry University, Beijing, 100083, China; 2 Supervision Center for Municipal, Administration of Chaoyang District, Beijing, 100020, China.

Abstract

In 2007, the government of Chaoyang District, Beijing started to build a data base of the urban green space so as to set up an efficient digital management system. Based on the analysis of the resulting data, this paper makes a study on the species composition and the general characteristics of the tree population in the urban green areas. A total of 72 species/cultivars of trees categorized into 31 families, up to 670,540 individuals were recorded. This includes 61 kinds of deciduous and 11 kinds of evergreens. Among the 72 species, there are 55 quick-growing species and 9 slow-growing species. The analysis reveals landscape management problems such as low biodiversity, too high ratio of quick-growing species, etc. The collected data will be of great value not only for the new approach to urban green management, but also for the future landscape designing in the urban cities.

Key words　urban green space; species composition; growing conditions

① 本文章全文已发表于 *Proceeding of the Second International Conference on Landscape and Urban Horticulture*。

* 为责任作者

Evaluation method and its application for Urban Green Spaces①

YAN Hai[1]; HAO Peiyao[1]; Wang Kuo[1]; DONG Li[1]* PI Dingjun[2]

1 Dept. Landscape Architecture, Beijing Forestry University, Beijing, 100083, China;
2 Supervision Center for Municipal Administration of Chaoyang, Beijing, 100020, China.

Abstract

Urban green spaces are increasingly valued for multiple benefits such as ecosystem services, sequestration of atmospheric pollutants, habitat provision, amenity, and cultural values. Rapid urbanisation and serious environmental problems have led people worldwide to realise the significance of urban green spaces management towards a sustainable environment. Through the evaluation and monitoring of urban green spaces will be of great value not only for guiding the urban green planning, but also for providing opportunities for communities engagement and formulating best practice. Focusing on a case study of Chaoyang District in Beijing, an indicator system that comprised 8 indicators in two themes is established with a view to providing a framework for assessing and monitoring urban green spaces management performance.

Key words　urban green spaces; evaluation; management; index; community

① 本文章全文已发表于 *Proceeding of the Second International Conference on Landscape and Urban Horticulture*。

* 为责任作者。